徹底攻略

試験番号 OSDBS-02

LPI-JAPAN APPROVED TRAINING MATERIAL 認定教材

LPI-JAPAN OSS-DB Silver/Gold

OSS-DB Silver［Ver.2.0］対応 問題集

SRA OSS, Inc. 日本支社　正野 裕大［著］
株式会社ソキウス・ジャパン［編］

インプレス

■ロゴの商標について
LPI-JAPAN OSS-DB認定教材ロゴ（LATMロゴ）はLPI-Japanが日本国内において独占的使用権を許諾された商標です。
本商標に関する全ての権利は許諾元に留保されています。

■LPI-JAPAN認定教材ロゴの意味するもの
本教材が、2020年2月時点において、一定の基準を満たすかを特定非営利活動法人エルピーアイジャパン（LPI-Japan）が審査し合格したことを示すものです。本教材で学習することにより合格を保証するものではありません。

■LPI-JAPAN認定教材制度（LATM）とは
特定非営利活動法人エルピーアイジャパン（LPI-Japan）が実施する認定資格の取得を目指す受験者に高品質の教材を提供するための制度です。

本書は、OSS-DB Exam Silverの受験対策用の教材です。著者、株式会社インプレスは、本書の使用によるOSS-DB Exam Silverへの合格を一切保証しません。

本書の内容については正確な記述につとめましたが、著者、株式会社インプレスは本書の内容に基づくいかなる試験の結果にも一切責任を負いません。

本文中の製品名およびサービス名は、一般に開発メーカーおよびサービス提供元の商標または登録商標です。なお、本文中には™、®、©は明記していません。

インプレスの書籍ホームページ
書籍の新刊や正誤表など最新情報を随時更新しております。
https://book.impress.co.jp/

まえがき

本書は「OSS-DB Exam Silver」の試験対策問題集です。OSS-DB Exam Silverはオープンソースソフトウェアデータベース（OSS-DB）システムにおけるデータベースの設計、導入、開発、運用に関する知識を問うIT技術者認定試験です。

近年、OSS-DBはさまざまな情報システム分野に導入されています。企業の基幹システムや業務システムにOSS-DBを採用したり、商用データベースからの移行先としてOSS-DBが挙がることも少なくありません。また、クラウドサービスの普及とともに、OSS-DBの重要性がますます高まっています。

OSS-DB Exam SilverはそうしたOSS-DBの基準にPostgreSQLを採用しており、データベースの一般知識、インストールや設定、標準付属ツールの使い方、SQLコマンド、基本的な運用管理作業など、データベースエンジニアに必要な幅広い知識を問う問題が出題されます。また、2019年4月に出題範囲がVer.2.0に更新されました。Ver.1.0で採用されていたPostgreSQL 9.0がVer.2.0ではPostgreSQL 10およびPostgreSQL 11に更新され、その間にPostgreSQLに導入された新機能や変更点が出題されます。

本書は問題と解説をVer.2.0向けに書き直し、さらに新たな問題を追加した改訂版です。試験合格に向けて必要な知識を効率よく習得できるように、基本的な問題から応用的な問題までバランスよく構成しました。また、問題の解説には試験対策として押さえておきたいポイントをまとめました。まずは不正解がなくなるまで問題を繰り返し解き、そのあとに解説をよく読まれることをお勧めいたします。本書でOSS-DBについて学ばれた方が、一人でも多くOSS-DB Exam Silver試験に合格されることを心から願っております。

最後に、この執筆に関わったすべての方々に、深い感謝の意を表します。

2020年3月　著者

OSS-DB技術者認定資格とは

特定非営利活動法人エルピーアイジャパン（LPI-Japan）が、オープンソースデータベース（OSS-DB）に関する技術力と知識を、公平かつ厳正に、中立的な立場で認定するIT技術者認定資格です。

本認定制度には「Silver」と「Gold」の2つのレベルがあり、それぞれ下記のスキルを備えているIT技術者であることを認定します。

●OSS-DB Silver

データベースシステムの設計・開発・導入・運用ができる技術者

●OSS-DB Gold

大規模データベースシステムの改善・運用管理・コンサルティングができる技術者

本書では、OSS-DB Silverを扱います。

OSS-DB Silverについて

OSS-DB Silverの試験概要と出題範囲は以下のとおりです。

【試験概要】

認定名	OSS-DB Silver
試験名	OSS-DB Exam Silver
受験のメリット	下記のスキルと知識を持つエンジニアであることを証明する ・RDBMSとSQLに関する知識を有する ・オープンソースデータベースに関する基礎的な知識を有する ・オープンソースを利用して小規模なデータベースの運用管理ができる ・オープンソースを利用して小規模なデータベースの開発を行うことができる ・PostgreSQLを使ったデータベースシステムの運用管理ができる ・PostgreSQLを利用した開発でデータベース部分を担当することができる
認定条件	受験のための実務経験や前提資格保有条件はなし
受験料	15,000円（税抜き）
問題数	約50問
試験時間	90分
試験実施方式	コンピュータベーストテスト（CBT）。マウスによる選択方式およびキーボード入力問題
合否結果の発表	試験終了と同時

【出題範囲】

一般知識（16%）	OSS-DBの一般的特徴（重要度：4） リレーショナルデータベースに関する一般知識（重要度：4）
運用管理（52%）	インストール方法（重要度：2） 標準付属ツールの使い方（重要度：5） 設定ファイル（重要度：5） バックアップ方法（重要度：7） 基本的な運用管理作業（重要度：7）
開発/SQL（32%）	SQLコマンド（重要度：13） 組み込み関数（重要度：2） トランザクションの概念（重要度：1）

本試験はOSS-DBのなかでも、特に商用データベースとの連携に優れ、エンタープライズシステムでも多く活用されている「PostgreSQL 10以上」を基準のRDBMSとして採用しています（2019年4月現在、PostgreSQL 11まで対応しています）。

●詳細情報

OSS-DB技術者認定試験の詳細については下記URLを参照してください。

【URL】https://oss-db.jp

受験申し込み方法

受験申し込みの流れは、以下のとおりです。

1. EDUCO-IDの取得（取得済みの場合は、新規取得は不要）
2. 受験チケットの購入と試験予約

1. EDUCO-IDの取得

受験申し込みには、EDUCO-IDが必要です。取得していない場合は、以下のWebページの「EDUCO-ID新規登録」から新規登録を行います。取得済みの場合は、以下のWebページにアクセスし、「受験者マイページ」からログインします。

【URL】https://oss-db.jp/testapp/registration

2. 受験チケットの購入と試験予約

受援チケットの購入には、クレジットカード、コンビニ決済、振り込みが利用できます。

ピアソンVUEへの受験申し込みにはアカウントが必要です。試験は、ピアソンVUEの全国各地のテストセンターで行われています。希望する日時とテストセンターを選択できます。ただし、予約状況によっては希望の日時や会場を選択できない場合がありますので、必ず予約状況を確認してください。受験申し込みの方法には、Web予約と電話予約の二通りがあります。

・**Webでの予約**

以下のWebページにアクセスし、ピアソンVUEのアカウントでログインし、予約します。

【URL】 https://oss-db.jp/testapp/registration

・**電話予約**

以下の電話番号に直接申し込みます。

【TEL】 0120-355-583または0120-355-173（受付時間：土日祝祭日を除く午前9時～午後6時）

LPI-Japanの連絡先

〒106-0041　東京都港区麻布台1-11-9　BPRプレイス神谷町 7F

【TEL】 03-3568-4482

【EMail】 info@lpi.or.jp

富士通ミドルウェアマスターについて

富士通ミドルウェアマスターは、富士通のミドルウェア製品を扱う技術者を対象に、富士通が認定する技術者認定制度です。「データベース」「アプリケーション基盤」「運用管理」「セキュリティ」「クラウド」「モバイル」「セールス」の7分野の資格があります。

OSS-DB Silverに合格し、認定申請することで、「FUJITSU Certified Middleware Professional データベース Standard」としても認定されます。

●FUJITSU Certified Middleware Professional データベース Standard

FUJITSU Certified Middleware Professional データベース Standardの詳細は、以下のWebページを参照してください。

【URL】 https://www.fujitsu.com/jp/products/software/resources/mwmaster/exam/qualification/list/fj0-j15/index.html

本書の活用方法

本書は、カテゴリ別に分類された問題と解答で構成されています。

●問題

本書の問題は、OSS-DB Exam Silverの合格に必要な知識を効率的に学習することを目的に作成したものです。解答していくだけで、合格レベルの実力が身に付きます。また、実際の試験に近い形式になっていますので、試験の雰囲気をつかむことができます。

多岐選択式

「選択肢から1つだけ選ぶもの」と「選択肢から2つ選ぶもの」があります。

> □ **3.** **リレーショナルモデルの説明として適切でないものを選びなさい。**
>
> A. データを二次元の表の集まりで表現する
> B. 1970年にエドガー・F・コッド氏が提唱した
> C. 集合論に基づいている
> D. データは親子関係を持つ
>
> **➡P19**

チェックボックス

確実に理解している問題のチェックボックスを塗りつぶしながら問題を解き進めると、2回目からは不確かな問題だけを効率的に解くことができます。すべてのチェックボックスが塗りつぶされれば合格は目前です。

解答ページ

問題の右下に、解答ページが表示されています。ランダムに解くときも、解答ページを探すのに手間取ることがありません。

●解答

解答には、問題の正解やその理由だけでなく、用語や重要事項などが詳しく解説されています。

> **3. D**
>
> リレーショナルモデルに関する問題です。
> **リレーショナルモデル**は、1970年に当時IBMサンノゼ研究所の研究員であったエドガー・F・コッド氏が論文で発表したモデルです（B）。このモデルは集合論に基づいており（C）、データを二次元の表の集まりで表現するのが特徴です（A）。選択肢Dの「データが親子関係を持つ」というのは、データを木構造で表現する階層型データモデルやネットワーク型データモデルの特徴です。適切でないものを選ぶ問題なので、**D**が正解です。

解説（用語・選択肢）

重要な用語や正解の選択肢は、太字で表記されています。

本文中で使用するマーク

解答ページには、以下のマークで重要事項や参考情報を示しています。

試験対策	試験対策のために理解しておかなければいけないことや、覚えておかなければいけない重要事項を示しています。	参考	試験対策とは直接関係はありませんが、知っておくと有益な情報や補足情報を示しています。

目次

第1章

一般知識

- ライセンス
- PostgreSQLの特徴
- リレーショナルモデル
- データベース管理システムの機能
- データベース設計
- SQLの一般知識

☐ **1.** **PostgreSQLのライセンスに関する説明として適切なものを2つ選びなさい。**

A. ソフトウェアを改変した場合は、ソースコードを開示する義務がある
B. BSDライセンスやMITライセンスに似たライセンスである
C. Free Software Foundationによって管理されている
D. 著作権表示とすべてのライセンス条文を含めれば、ソフトウェアの改変、再配布は自由である
E. GPLライセンスである

➡ P18

☐ **2.** **以下の中から、SQLコマンドでないものを選びなさい。**

A. COMMIT
B. REMOVE
C. GRANT
D. SELECT

➡ P18

☐ **3.** **リレーショナルモデルの説明として適切でないものを選びなさい。**

A. データを二次元の表の集まりで表現する
B. 1970年にエドガー・F・コッド氏が提唱した
C. 集合論に基づいている
D. データは親子関係を持つ

➡ P19

☐ **4.** **候補キーと主キーの説明として適切でないものを選びなさい。**

A. 候補キーとは、行を一意に特定できる列、または必要最小限の列の組み合わせである
B. 主キーとは、候補キーの中から1つ選択したものである
C. NULLを含む列を主キーとすることはできない
D. 候補キーは、1つのテーブルに複数存在してはならない
E. 主キーは、行を一意に識別するために使用される

➡ P19

□ **5**. リレーショナルデータベースにおける正規化の目的として適切なものを選びなさい。

A. 正規化は、実世界の事象や情報をそのままテーブルで表現することを目的とする
B. 正規化は、データを冗長化して耐障害性が向上することを目的とする
C. 正規化は、同じデータを集約してデータ操作を効率化することを目的とする
D. 正規化は、テーブル定義を規格に準拠させることによって移植性を高めることを目的とする

➡ P20

□ **6**. 第一正規形の条件として適切なものを2つ選びなさい。

A. 1つのテーブルに同一のデータ項目の繰り返しがない
B. 分解可能な値が格納されていない
C. すべての非キー属性が候補キーに完全関数従属する
D. すべての列が候補キーに完全関数従属する
E. 推移関数従属がない

➡ P20

□ **7**. 第二正規形の条件として適切なものを選びなさい。

A. 第一正規形であり、すべての非キー属性が候補キーに部分関数従属である
B. 第三正規形であり、すべての非キー属性が候補キーに部分関数従属である
C. 第一正規形であり、すべての非キー属性が候補キーに完全関数従属である
D. 第三正規形であり、すべての非キー属性が候補キーに完全関数従属である
E. 第一正規形であり、すべての非キー属性が候補キーに推移関数従属である

➡ P21

8. 第三正規形のテーブルとして適切なものを選びなさい。

A.

受注番号	商品番号1	個数1	商品番号2	個数2
20200001	3005	1	5204	3

B.

受注番号	商品番号	個数
20200001	3005, 5204	1, 3

C.

受注番号	商品番号	商品名	単価	個数
20200001	3005	ノートパソコン	162960	1

D.

商品番号	商品名	単価	仕入先番号	仕入先名
3005	ノートパソコン	162960	220	○○株式会社

E.

商品番号	商品名	単価	製造元	備考
3005	ノートパソコン	162960	○○電気	新商品

➡ P22

9. 同時に複数のユーザーがデータベースを操作しても矛盾が生じないようにする機能として適切なものを選びなさい。

A. データベース管理
B. トランザクション管理
C. 同時実行制御
D. 機密保護管理
E. 障害回復管理

➡ P23

10. PostgreSQLの特徴として適切でないものを2つ選びなさい。

A. カリフォルニア大学バークレー校で開発されたPOSTGRESをベースにしている
B. 商用目的で使用する場合は有償である
C. 標準SQLをすべてサポートしている
D. オブジェクト指向の概念を取り入れた機能を持つ
E. Windows環境で動作する

➡ P23

☐ **11.** リレーショナルモデルにおいて表を意味する用語を選びなさい。

A. リレーション
B. 属性
C. タプル
D. ドメイン

➡ P23

☐ **12.** DDLに分類されるSQLコマンドを選びなさい。

A. DELETE
B. SELECT
C. ROLLBACK
D. CREATE TABLE

➡ P24

☐ **13.** PostgreSQLがサポートしていない機能を選びなさい。

A. ビュー
B. 外部キー
C. ポイントインタイムリカバリ
D. テーブルスペース
E. クエリーキャッシュ

➡ P24

☐ **14.** RDBMSの名称として適切なものを選びなさい。

A. Relational DataBase Management Software
B. Relational DataBase Manipulation System
C. Relational DataBase Management System
D. Relation DataBase Management System
E. Relation DataBase Maintenance Software

➡ P25

☐ **15.** SQLに関する説明として適切でないものを選びなさい。

A. ISOで標準化されている
B. ANSIで標準化されている
C. 数年ごとに改定されている
D. リレーショナルデータベースを操作する標準言語である
E. オラクル社が開発したSEQUELという言語が基になっている

➡ P25

☐ **16.** t1テーブルからt2テーブルを得る演算として適切なものを選びなさい。

【t1テーブル】

id	name	age
1	田中	35
2	佐藤	21
3	鈴木	48

【t2テーブル】

id	name	age
1	田中	35
3	鈴木	48

A. 和
B. 差
C. 直積
D. 選択
E. 射影

➡ P25

☐ **17.** ある属性値が等しい行同士を組み合わせたテーブルを構成する演算として適切なものを選びなさい。

A. 和
B. 差
C. 交差
D. 結合
E. 直積

➡ P26

☐ **18.** 物理設計の作業として適切なものを2つ選びなさい。

A. 論理データモデルの決定
B. 正規化
C. 問題領域を分析してモデル化
D. DBMSの選定、設定
E. マシン構成、ディスク構成の設計

➡ P26

□ **19.** PostgreSQLのシステム構成として適切でないものを選びなさい。

A. クライアント／サーバ構成である
B. ライブラリとして利用できる
C. 接続ごとにプロセスが生成される
D. ネットワーク経由でサーバに接続できる
E. データベースサーバプロセスの名前はpostgresである

➡ P26

□ **20.** PostgreSQLに関連する以下のRDBMSの中から、最も古いものを選びなさい。

A. Postgres95
B. Postgres
C. PostgreSQL
D. Ingres
E. Illustra

➡ P27

□ **21.** PostgreSQLがWindows環境でネイティブに稼働するようになったリリースとして適切なものを選びなさい。

A. 7.4
B. 8.0
C. 8.1
D. 8.2
E. 8.3

➡ P27

□ **22.** PostgreSQLのインストールに関する説明として、適切でないものを選びなさい。

A. LinuxのディストリビュータによってはPostgreSQLをインストールするためのパッケージが用意されている
B. Windows環境専用のインストーラが提供されている
C. Linux環境では、ソースコードをビルドしてインストールできる
D. Windows環境では、ソースコードをビルドしてインストールできない

➡ P28

第1章　一般知識
解　答

1.　B、D　➡ P12

PostgreSQLのライセンスに関する問題です。

PostgreSQLは、**PostgreSQLライセンス**のもとに配布されています。PostgreSQLライセンスは、BSD（Berkeley Software Distribution）ライセンスやMITライセンスに類似しており、比較的制限の緩いライセンスに分類されます（**B**）。このライセンスは、著作権表示とすべてのライセンス条文を含めれば、ソフトウェアの使用、複製、改変、再配布は自由であり、改変した場合もソースコードを開示する義務はありません（A、**D**）。したがって、**B**と**D**が正解です。

なお、Free Software Foundationは、GPL（GNU General Public License）ライセンスなどGNUプロジェクトに関するライセンスを管理しています（C、E）。

試験対策

PostgreSQLライセンスの条項を理解しておきましょう。

- 著作権表示とすべてのライセンス条文を含めれば、ソフトウェアの使用、複製、改変、再配布が自由
- 派生品にソースコード開示の義務はない

2.　B　➡ P12

SQLコマンドに関する問題です。

REMOVEというSQLコマンドは存在しません。データベースオブジェクトを削除する場合はDROP～コマンドを、テーブルの行を削除する場合はDELETEコマンドを使用します。したがって、**B**が正解です。

その他の基本的なSQLコマンドを以下に示します。

【基本的なSQLコマンド】

コマンド	説明
ALTER～	データベースオブジェクトの定義を変更する
BEGIN	トランザクションブロックを開始する
COMMIT	現在のトランザクションをコミットする
CREATE～	データベースオブジェクトを定義する
DELETE	テーブルの行を削除する
DROP～	データベースオブジェクトを削除する
GRANT	アクセス権限を定義する
INSERT	テーブルに行を追加する
REVOKE	アクセス権限を取り消す
SELECT	テーブルやビューの行を検索する
UPDATE	テーブルの行を更新する

試験対策 本書に記載しているSQLはすべて試験範囲に含まれます。各SQLの構文を押さえておきましょう。

3. D

➡ P12

リレーショナルモデルに関する問題です。

リレーショナルモデルは、1970年に当時IBMサンノゼ研究所の研究員であったエドガー・F・コッド氏が論文で発表したモデルです（B）。このモデルは集合論に基づいており（C）、データを二次元の表の集まりで表現するのが特徴です（A）。選択肢**D**の「データが親子関係を持つ」というのは、データを木構造で表現する階層型データモデルやネットワーク型データモデルの特徴です。適切でないものを選ぶ問題なので、**D**が正解です。

試験対策 リレーショナルモデルの特徴3点（選択肢A、B、C）を押さえておきましょう。

4. D

➡ P12

データベース設計に関する問題です。

テーブルに複数ある列の中で、行を一意に特定する際に使用できる列、もしくは必要最小限の列の組み合わせを**候補キー**といいます（A）。すなわち、重複するデータを持つ列や列の組み合わせは、候補キーにはなりません。

主キーは、候補キーの中から1つ選択します（B）。よって、主キーは1つのテーブルに対して必ず1つになりますが、候補キーは複数存在することもあります。適切でないものを選ぶ問題なので、**D**が正解です。
主キーは、行を一意に識別する目的で使用されるため（E）、不定値を意味するNULLを含む列や列の組み合わせは、主キーになりえません（C）。
候補キーでも主キーでもない列は、**非キー属性**と呼ばれます。

試験対策
候補キーと主キーの特徴を理解しておきましょう。

5. C

➡ P13

正規化に関する問題です。
リレーショナルデータベースにおける**正規化**とは、テーブルを正規形と呼ばれる形式に準拠させることによって、効率的なデータ操作を実現する設計手法のことをいいます。
正規化は、1事実1カ所の原則に従って同じデータを集約することにより、更新漏れや更新箇所の増加を抑え、データ操作を効率化することを目的としています。したがって、**C**が正解です。
テーブルの形式を表す正規形は段階的に定義されており、歴史的には、エドガー・F・コッド氏が最初に第一正規形、第二正規形、第三正規形を提唱し、その後、ボイス・コッド正規形や第四正規形、第五正規形が登場しました。
いずれの正規形も満たさないものは、**非正規形**といいます。
正規化の目的はデータ操作の効率化ですが、正規化をしすぎると反対に性能が悪くなることもあります。そこで、一般的には第三正規形までの正規化にとどめたり、場合によっては性能を優先して意図的に正規化を行わない設計にすることもあります。

6. A、B

➡ P13

正規化に関する問題です。
第一正規形の条件は、同一のデータ項目の繰り返しや分解可能な値を持たないことです。したがって、**A**と**B**が正解です。
同一のデータ項目の繰り返しがあるテーブルの例を以下に示します。

【同一のデータ項目の繰り返しがある例】

部署番号	部署名	社員番号1	社員氏名1	社員番号2	社員氏名2	社員番号3	社員氏名3
11	営業部	1022	佐藤	3234	鈴木	2146	田中

下線の列は主キーを表します。
この例における同一のデータ項目の繰り返しは、社員番号と社員氏名の部分で、3回繰り返されています。よって、このテーブルは第一正規形を満たしません。

次に分解可能な値を含むテーブルの例を示します。

【分解可能な値を含む例】

部署番号	部署名	社員番号	社員氏名
11	営業部	1022, 3234, 2146	佐藤, 鈴木, 田中

この例における分解可能な値は、社員番号と社員氏名です。カンマ区切りのデータや配列データは分解可能な値に分類されます。よって、このテーブルは第一正規形を満たしません。
ちなみに、これらのテーブルを第一正規形にするには、繰り返されている列や分解できる値が格納されている列を次のように別のテーブルに分離します。

【第一正規形の例】

部署番号	部署名
11	営業部

部署番号	社員番号	社員氏名
11	1022	佐藤
11	3234	鈴木
11	2146	田中

選択肢C、D、Eは関数従属に関する説明で、第一正規形には関係ありません。
関数従属とは列間の関係を意味し、たとえば1つのテーブル内にA、Bという列が存在した場合、A（キー）の値によってBの値が一意に決定できるとき、「BはAに関数従属する」といいます。
また、キーが複数の列からなる場合は、キーを構成するすべての列の値を決めることによって、他の列の値が一意に決まる関係を**完全関数従属**、キーを構成する一部の列の値を決めることによって、他の列の値が一意に決まる関係を**部分関数従属**といいます。

推移関数従属は、たとえば1つのテーブル内にA、B、Cという列が存在した場合、Aの値によってBの値が一意に決まり、Bの値によってCの値が一意に決まるとき、かつ、Cの値によってAの値が一意に決まらない関係をいいます。

7. C

➡ P13

正規化に関する問題です。
第二正規形の条件は、第一正規形であり、かつ、すべての非キー属性が候補キーに完全関数従属することです。したがって、**C**が正解です。
候補キーが1つの列からなるときは、候補キーに対応する非キー属性は候補キーと必ず完全関数従属になりますが、候補キーが複数の列からなるときは、部分関数従属になることがあります。

【部分関数従属の例】

受注番号	商品番号	商品名	単価	個数
20200001	3005	ノートパソコン	162960	1

このテーブルは、受注番号と商品番号によって個数が決まり、商品番号によって商品名と単価が決まります。つまり、受注番号と商品番号を候補キーとした場合、非キー属性の商品名と単価は商品番号のみに部分関数従属しています。よって、このテーブルは第二正規形の条件を満たさないため、第一正規形となります。

8. E

➔ P14

正規化に関する問題です。
第三正規形の条件は、第二正規形であり、かつ、すべての非キー属性が主キーに完全関数従属しており、かつ、推移関数従属関係がないことです。

選択肢Aは、商品番号と個数の列が繰り返されており、第一正規形の条件を満たしていないため非正規形です。同様に、選択肢Bも商品番号と個数の列に分解可能な値が格納されているため非正規形です。
選択肢Cは、受注番号と商品番号を候補キーとした場合、非キー属性となる商品名や単価が商品番号のみに部分関数従属しており、第二正規形の条件を満たしていないため第一正規形です。
選択肢Dは、商品番号によって仕入先番号が決まり、仕入先番号によって仕入先名が決まるという推移関数従属があり、第三正規形の条件を満たしていないため第二正規形です。
選択肢**E**は、商品番号以外のすべての列が商品番号に完全関数従属しており、推移関数従属関係もないことから第三正規形です。したがって、**E**が正解です。

試験対策

正規化は「1つの事実を1カ所で管理」して「データ操作の効率化と保守性の向上」をねらってテーブル設計を改善していく手続きです。
第一正規形、第二正規形、第三正規形のそれぞれの、成立の前提条件と成立条件を理解しておきましょう。

9. C

➡ P14

DBMS（DataBase Management System）の機能に関する問題です。
DBMSが持つ主な機能は以下のとおりです。

【DBMSの主な機能】

機能	説明
データベース管理	データベースの定義と操作を行う
トランザクション管理	データベースの操作の一貫性を保証する
同時実行制御	複数のユーザーがデータベースを同時に操作しても矛盾が生じないようにする
機密保護管理	不正アクセスからデータベースを保護する
障害回復管理	障害発生時に復旧を行う

したがって、**C**が正解です。

10. B、C

➡ P14

PostgreSQLの特徴に関する問題です。
PostgreSQLは、カリフォルニア大学バークレー校のコンピュータサイエンス学科で開発されたPOSTGRES, Version 4.2をベースにしています（A）。
PostgreSQLは、標準SQLの大部分をサポートし、オブジェクト指向の概念を取り入れた、テーブル定義の継承やユーザー定義データ型などの機能を備えています（**C**、D）。
PostgreSQL 8.0からは、他のツールを使用しなくてもそのままWindows環境で動作するようになりました（E）。
PostgreSQLのライセンスは、個人使用、商用、学術など目的に限らず、使用、変更、および配布を無償で可能としています（**B**）。
適切でないものを選ぶ問題なので、**B**と**C**が正解です。

11. A

➡ P15

リレーショナルモデルの用語に関する問題です。
リレーショナルモデルでは、データを表現する二次元の表のことを**リレーション**と呼び、その表の列を**属性**、行を**タプル**と呼びます（**A**、B、C）。列は**カラム**または**フィールド**、行は**レコード**と呼ぶこともあります。
ドメインは、各属性が取り得るすべての値の集合、つまりデータ型を意味します（D）。
以上より、**A**が正解です。

12. D

➡ P15

SQLの分類に関する問題です。
SQLは、コマンドの役割によってDDL、DML、DCLの3種類に分類されます。しかし、これは厳密に定められているものではなく、一般的なものです。以下にその分類を示します。

- **DDL（Data Definition Language：データ定義言語）**
  テーブルやテーブルにおける制約、および、その他のデータベースオブジェクトを定義するコマンド群です。

- **DML（Data Manipulation Language：データ操作言語）**
  テーブルの行を検索、削除、更新および、テーブルに行を追加するコマンド群です。

- **DCL（Data Control Language：データ制御言語）**
  上記以外のコマンド全般。トランザクションの制御やDBMS自身の管理用の命令などが該当します。GRANT、REVOKEなどのアクセス権限を設定する命令をDCLに含める場合もあります。

以上より、選択肢AのDELETEと選択肢BのSELECTはDML、選択肢CのROLLBACKはDCL、選択肢**D**のCREATE TABLEはDDLとなります。したがって、**D**が正解です。

13. E

➡ P15

PostgreSQLの機能に関する問題です。
各選択肢に関する説明は以下のとおりです。

A. ビューは、一種の仮想的なテーブルです。ビューの定義時に指定するSELECT文の結果をテーブルのように扱うことができます。そのため、外見上はテーブルと同様ですが、データそのものは含みません。
B. 外部キーは、テーブルの指定カラムの値が他のテーブルの指定カラムに存在しなければならないことを強制する制約です。テーブル間の参照整合性を維持する目的で設定されます。
C. ポイントインタイムリカバリは、データベースに対する操作と更新内容が書かれたアーカイブログを利用して、任意の時点に復旧するリカバリ機能です。
D. テーブルスペースは、データベースオブジェクトを任意の場所に配置できるようにするための機能です。PostgreSQL 8.0からサポートされました。
E. クエリーキャッシュは、以前実行したクエリーの結果をキャッシュし、同じクエリーを受け取ったときにキャッシュしている結果を返す機能です。この機能は、PostgreSQLには存在しません。

したがって、**E**が正解です。

> **試験対策** 設問に登場する機能に加えて、以降の章で登場するマテリアライズドビュー（第4章 解答46）、テーブルパーティショニング（第4章 解答47､48）についても理解しておきましょう。

14. C

➡ P15

RDBMSの名称に関する問題です。

RDBMSは、Relational DataBase Management Systemの略称で、リレーショナルモデルに基づいたデータベース管理システムを意味します。したがって、**C**が正解です。

15. E

➡ P16

SQLに関する問題です。

SQLはリレーショナルデータベースを操作する標準言語です（D）。ISOやANSIで標準が規定されており、数年ごとに改定されています（A、B、C）。多くの規格名には、SQL92やSQL:2016のように制定された年号が含まれています。

SQLは、IBM社が開発したRDBMSであるSystem Rの操作言語SEQUEL（Structured English Query Language）を基にしています。

オラクル社がSEQUELを開発したというのは誤りです。適切でないものを選ぶ問題なので、**E**が正解です。

16. D

➡ P16

リレーショナル代数の演算に関する問題です。

リレーショナル代数の演算の概要を以下に示します。

【リレーショナル代数の演算】

演算	説明
和	テーブル同士を縦方向に連結する。その際、重複している行は1行にまとめられる
差	あるテーブルから別のテーブルの行データを取り除く
直積	複数のテーブルの行データをすべて組み合わせたテーブルを構成する
選択	テーブルを横方向に切り出す
射影	テーブルを縦方向に切り出す

まず、和、差、直積は複数のテーブルが必要になるため、正解の候補は単一のテーブルに対する演算となる選択（**D**）または射影（E）に絞られます。
t2テーブルは、t1テーブルを横方向で切り出した結果です。したがって、**D**が正解です。

試験対策

問題11に出題されたリレーショナルモデルの用語とともに、リレーショナル代数の演算を押さえておきましょう。

17. D

➡ P16

リレーショナル代数演算に関する問題です。
選択肢A、B、Eの和、差、直積については、解答16を参照してください。

交差は、2つのテーブルに共通する行を求める演算です（C）。
結合は、ある属性値が等しい行同士を組み合わせたテーブルを構成する演算です。したがって、**D**が正解です。

18. D、E

➡ P16

データベース設計に関する問題です。
システム開発の多くは、まず対象の問題領域を分析してモデルを作成し、次にそれをコンピュータシステム上で実現する設計を行い、そのあとに実装という流れをとります。
リレーショナルデータベースを利用する場合も同様で、現実世界を分析して概念設計、および論理設計を行い、そのあとに物理設計をします。
概念設計では、問題領域を分析してモデル化を行い、ER図やクラス図などを作成します。次に、**論理設計**で情報や事象をテーブル定義に落とし込みます。その際に正規化も行います。そして、**物理設計**ではDBMSの選定や設定を行ったり、マシン構成やディスク構成の設計を行ったりします。したがって、**D**と**E**が正解です。

19. B

➡ P17

PostgreSQLのシステム構成に関する問題です。
PostgreSQLのシステムは、クライアント／サーバ構成をとります（A）。ライブラリとしてPostgreSQLを利用することはできません（**B**）。
サーバへの接続には、TCP/IPネットワーク、またはUNIXドメインソケットを利用します（D）。UNIXドメインソケットは、ローカルマシン内の通信に使用されるインタフェースです。
サーバ側では、接続ごとにpostgresという名前のデータベースサーバプロセスが生成され、そのプロセスによってクエリーが処理されます（C、E）。
適切でないものを選ぶ問題なので、**B**が正解です。

20. D

➡ P17

PostgreSQLの歴史に関する問題です。
PostgreSQLに関するプロジェクトの変遷は以下のとおりです。

【PostgreSQLに関するプロジェクトの変遷】

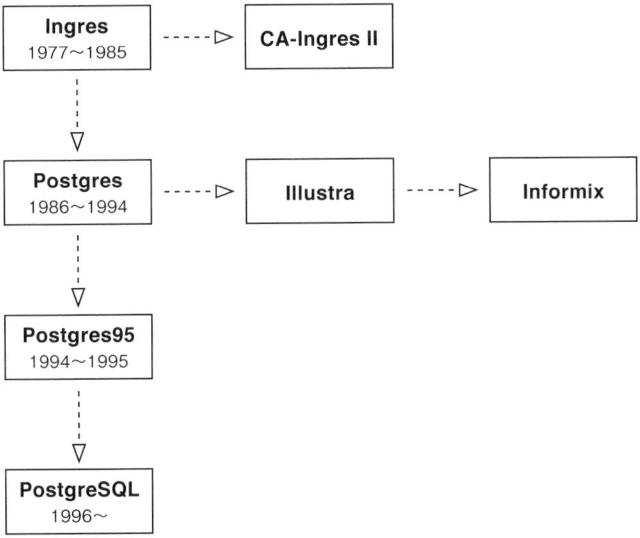

PostgreSQLに関するプロジェクトを遡ると、カリフォルニア大学バークレー校で開発された**Ingres**というRDBMSにたどり着きます。したがって、**D**が正解です。

21. B

➡ P17

PostgreSQLが動作するプラットフォームに関する問題です。
PostgreSQLは、バージョン8.0からWindows 2000以降のWindows NTベースのOSでネイティブに稼働するようになりました。それまでのリリースでは、WindowsでPostgreSQLを稼働させるにはCygwinなどUNIX環境をエミュレーションするためのソフトウェアが必要でした。
したがって、**B**が正解です。

22. D

➡ P17

PostgreSQLの提供形態に関する問題です。
PostgreSQLはオープンソースのデータベースです。LinuxなどのOSにおけるオープンソースソフトウェアのインストールは、一般的にソースコードをビルドして行います（C)。ただし、インストールを容易に行うため、たとえばRedHat Linuxの場合はRPM（RPM Package Manager）などのバイナリパッケージの形式でも提供されています（A)。Windowsの場合も、msi（Microsoft Windows Installer）というバイナリパッケージが用意されており、PostgreSQLのマニュアルにもこのバイナリパッケージを使用したインストールが推奨されています（B)。ただし、ソースコードをビルドしてインストールすることも可能であり、手順はマニュアルに記載されています（**D**)。
適切でないものを選ぶ問題なので、**D**が正解です。

第2章

インストールと設定

- gmake
- initdb
- postgresql.conf
- データベースクラスタの概念
- テンプレートデータベース

☐ **1. PostgreSQLインストール時に使用するconfigureコマンドに関する説明として適切なものを選びなさい。**

A. PostgreSQLのインストール先を変更したい場合は、--postgrehomeオプションを指定する
B. OpenSSLを使用してセキュアな通信を行いたい場合は、--enable-opensslを指定する
C. すべてのプログラムをデバッグシンボル付きでインストールしたい場合は、--enable-debugを指定する
D. サーバとクライアントのデフォルトのポートを指定したい場合は、--with_portを指定する

➡ P36

☐ **2. PostgreSQLインストール時に使用するgmakeコマンドに関する説明として適切なものを選びなさい。**

A. gmakeコマンドはrootユーザーで実行しなければならない
B. PostgreSQLが正常に動作するかを確認するためには、gmake testコマンドを実行する
C. gmakeコマンドを実行するとPostgreSQLのソースはコンパイルされるが、configureコマンドで指定した位置へ配布（コピー）されない
D. gmake installコマンドを実行するとデータベースクラスタが作成され、pg_ctlコマンドで起動することですぐにPostgreSQLを使うことができる

➡ P36

☐ **3. 以下の説明のうち、適切なものを選びなさい。**

A. PostgreSQLのインストールはrootユーザーで行わなければならない
B. PostgreSQLのスーパーユーザーは必ずpostgresである
C. pg_ctl startコマンドはrootユーザーでは実行できない
D. データベースクラスタの作成と同時にゲストユーザーguestも作成される

➡ P37

☐ **4**. 以下の説明のうち、適切でないものを選びなさい。

A. PGDATABASE環境変数を設定することで、dbname接続パラメータを明示的に指定する必要がなくなる
B. PGDBCLUSTER環境変数を設定することで、dbcluster接続パラメータを明示的に指定する必要がなくなる
C. PGPORT環境変数を設定することで、port接続パラメータを明示的に指定する必要がなくなる
D. PGHOST環境変数を設定することで、host接続パラメータを明示的に指定する必要がなくなる

➡ P38

☐ **5**. 以下の説明のうち、適切でないものを選びなさい。

A. initdbを実行するとpostgres、template0、template1の3つのデータベースが作成される
B. template1はひな形であり、変更することができるテンプレートである
C. データベースを作成する場合、デフォルトではテンプレートtemplate0がコピーされる
D. PostgreSQL 9.0からは、デフォルトで作成されるデータベースにもPL/pgSQLが使えるように設定されている

➡ P38

☐ **6**. 以下の説明のうち、適切なものを選びなさい。

A. ソースコードに含まれるcontribディレクトリの中には、移植用のツールや解析ユーティリティのほか、限定されたユーザーを対象にしているプラグイン機能、または、主ソースツリーに含めるには実験的すぎるプラグイン機能が保存されている
B. ソースコードに含まれるcontribディレクトリの中には、PostgreSQL開発に貢献した人のリストとその歴史が保存されている
C. ソースコードに含まれるcontribディレクトリの中には、PostgreSQLに接続する際に必要なドライバが保存されている
D. ソースコードに含まれるcontribディレクトリの中には、PostgreSQLの開発を行う上で必要なヘッダファイルが保存されている

➡ P39

☐ **7.** **停止しているデータベースクラスタの削除に関する説明として適切なものを選びなさい。**

A. rm -rfコマンドでデータベースディレクトリを削除する
B. dropdbコマンドを実行する
C. pg_ctl drop（またはpg_ctl dropdb）コマンドを実行する
D. gmake distcleanコマンドを実行する

➡ P39

☐ **8.** **Linux環境におけるPostgreSQLに関する説明として適切なものを選びなさい。**

A. 1台のマシンに複数のPostgreSQLをインストールすることはできない
B. 1つのPostgreSQLのインストールに2つ以上のデータベースクラスタを作成することはできない
C. 1台のマシンに複数のPostgreSQLをインストールするにはOSユーザーを分ける必要がある
D. 1台のマシンに複数のPostgreSQLをインストールすることも、1つのPostgreSQLのインストールに複数のデータベースクラスタを作成することも可能である

➡ P40

☐ **9.** **postgresql.confのパラメータに関する説明として適切でないものを選びなさい。**

A. portでは接続するポートを指定する。デフォルトは5432である
B. max_connectionsではデータベースサーバへの同時最大接続数を指定する
C. superuser_reserved_connectionsではスーパーユーザーのために予約されている接続数を指定する
D. max_connectionsおよびsuperuser_reserved_connectionsはデータベースクラスタの起動中に変更できるため、設定値を超えるような場合には随時変更できるが、portを変更した場合はデータベースクラスタの再起動が必要である

➡ P40

10. **postgresql.confのパラメータに関する説明として適切でないものを選びなさい。**

A. buffers_pool_sizeではデータベースのデータを複数のセッションで共有するための共有メモリバッファのサイズを指定する
B. temp_buffersでは各データベースセッションが使用する一時バッファの最大数を指定する
C. maintenance_work_memではVACUUMやCREATE INDEXなどの保守作業に使用されるメモリサイズを指定する
D. wal_buffersではWALデータ用に共有メモリで確保されるメモリサイズを指定する

➡ P40

11. **listen_addressesパラメータに関する説明として適切でないものを選びなさい。**

A. 「listen_addresses='*'」と設定すると、IPv4とIPv6のどちらでも接続ができる
B. listen_addressesを変更した場合、データベースクラスタを再起動する必要がある
C. listen_addressesのデフォルト値はlocalhostである
D. listen_addressesはインストール時のconfigureコマンドで指定できる

➡ P41

12. **以下はpostgresql.confの一部である。**

```
1. full_page_writes = true
2. wal_buffers = 64kB
3. wal_writer_delay = 200ms
4. /*  commit_siblings = 5  */
5. commit_siblings = 10
```

この設定では、PostgreSQL起動時にエラーになる。正しく記述されていない行を選びなさい。

A. 1行目
B. 2行目
C. 3行目
D. 4行目

➡ P41

13. パラメータの変更とその反映方法の組み合わせとして適切でないものを2つ選びなさい。

A. shared_buffers — pg_ctl restartを実行する
B. enable_hashjoin — postgres（postmaster）プロセスにシグナルSIGHUPを送る
C. listen_addresses — pg_ctl reloadを実行する
D. search_path — postgres（postmaster）プロセスにシグナルSIGINTを送る

➡ P42

14. ユーザーが作成したデータベースの削除に関する説明として適切なものを選びなさい。

A. データベース内にテーブルが格納されている場合は削除できない
B. データベース内のテーブルにデータが入っている場合は削除できない
C. データベースにユーザーが接続している場合は削除できない
D. 一度作成したデータベースは削除できない

➡ P43

15. PostgreSQLの多言語対応に関する説明として適切なものを2つ選びなさい。

A. 文字エンコーディングはデータベースごとに指定できる
B. UTF8のクライアントからEUC_JPのデータベースにアクセスすることはできない
C. データベースとクライアントの文字エンコーディングは別々に指定できる
D. 日本語を扱う場合、データベースの文字エンコーディングとしてEUC_JP、UTF8、SJISが使用できる
E. 日本語を扱う場合、initdbコマンド実行時に--enable-mbstringオプションを指定する必要がある

➡ P43

16. **PostgreSQLが接続を受け付けるデフォルトのTCPポート番号を選びなさい。**

A. 26
B. 2345
C. 3210
D. 4321
E. 5432

➡ P44

第2章　インストールと設定
解　答

1.　C　➡ P30

インストール時のconfigureコマンドのオプションに関する問題です。

【configureコマンドの主なオプション】

オプション	説明
`--prefix`	PostgreSQLのインストール先を指定する
`--with-krb5`	Kerberos5認証を行う場合に使用する。あらかじめKerberosがインストールされている必要がある
`--with-openssl`	SSLによる暗号化接続を行う場合に使用する。あらかじめOpenSSLがインストールされている必要がある
`--with-perl`	PL/Perlサーバサイド言語を構築する
`--with-pgport`	サーバとクライアントのデフォルトのポート番号を指定する

上記のとおり、A、B、Dは誤りです。
--enable-debugオプションを指定すると、プログラムをデバッグシンボル付きでインストールできます。したがって、**C**が正解です。

2.　C　➡ P30

インストール時のgmakeコマンドに関する問題です。
PostgreSQLをソースコードからインストールする場合は、一般的に以下の手順で行います。

【ソースコードからのインストールの流れ】

手順	コマンド	説明
1	configure	必要なオプションやインストール先の指定
2	gmake	ソースコードのコンパイルとリンク
3	gmake check	PostgreSQLが正常に動作するかどうかの確認
4	gmake install	インストール（コピー）

gmakeコマンドは必ずしもrootユーザーで実行する必要はありません。一般ユーザーでもコンパイルを行うことは可能です（A）。PostgreSQLが正常に動作するかどうかを確認するリグレッションテストはgmake checkコマンドで行います（B）。また、gmake installコマンドではデータベースクラスタは作

成されません（D）。したがって、**C**が正解です。

> **試験対策**
> PostgreSQLのソースコードからのインストール手順を押さえておきましょう。

3. C ➡ P30

OSとPostgreSQLのユーザー管理に関する問題です。
PostgreSQLのインストールは必ずしもrootユーザーで行う必要はありません（A）。また、PostgreSQLのスーパーユーザーは、**initdb**を実行したOSユーザーです。このため、rootやpostgresに固定されるわけではありません（B）。
pg_ctl startコマンドは、rootユーザーでは実行できません（**C**）。rootユーザーで起動すると、以下のようにエラーになります。

例 rootユーザーでPostgreSQLを起動した場合のエラー

```
# pg_ctl start
pg_ctl: cannot be run as root
```

また、initdbを実行してデータベースクラスタを作成しても、同時にゲストユーザーが作成されることはありません（D）。
したがって、**C**が正解です。

> **試験対策**
> OSユーザーとPostgreSQLのデータベースユーザーは異なる概念であることを理解しておきましょう。
> 慣習的に用いられるOSのpostgresユーザーは、OSにインストールされたPostgreSQLコマンドを使ってPostgreSQLプロセスの起動・停止やメンテナンスなどの運用管理を行う、OS上の一般ユーザーです。
> PostgreSQLのデータベースユーザー（PostgreSQLの文脈ではロールと呼びます）は、PostgreSQL内のデータベースオブジェクトへのアクセス権限を持った、PostgreSQL内のユーザーです。データベースオブジェクトへの全アクセス権を持ったスーパーユーザーとそれ以外の一般ユーザーに分かれます。

> **試験対策**
> initdbコマンドの機能と使い方を押さえておきましょう。

4. B ➡ P31

環境変数に関する問題です。

PostgreSQLでは、**環境変数**を設定することで接続時に使用するパラメータのデフォルト値を設定できます。このパラメータにはデータベース名、データベースクラスタに接続するポート、接続対象のホスト名を指定します。簡単なクライアントアプリケーションではデータベースの接続情報を直接プログラムに記述しないほうが便利です。

A. PGDATABASEには、接続するデータベースを指定します。デフォルトでは、指定されたユーザー名と同じ名前のデータベースに接続します。

C. PGPORTには、クライアントから接続するデータベースクラスタのデフォルトのポートを指定します。デフォルトの5432ではないポートを使っている場合や、1つのマシンに複数のデータベースクラスタをインストールしている場合に便利です。

D. PGHOSTには、デフォルトの接続対象のホスト名を指定します。ホスト名をIPアドレスに変換しなくても済むよう、IPアドレスを直接指定できるPGHOSTADDRという環境変数もあります。

PGDBCLUSTERという環境変数は用意されていません。適切でないものを選ぶ問題なので、**B**が正解です。

5. C ➡ P31

デフォルトで作成されるデータベースに関する問題です。

PostgreSQLの観点から見ると、データベースクラスタとは複数のデータベースの集合です。

initdbで**データベースクラスタ**を作成すると、**postgres**、**template0**、**template1**の3つのデータベースが作成されます（A）。PostgreSQL 8.0以前は、template0とtemplate1しか作られませんでした。データベースを作成する場合、デフォルトではtemplate1がひな形として使用されます（**C**）。このtemplate1は変更することができるので（B）、必ず使用するテーブルなどをtemplate1に作成しておくことで、データベースを作成する際に同じテーブルを何度も作成する手間を省くことができます。

また、PostgreSQL 9.0からはデフォルトでPL/pgSQL言語がインストールされるようになりました（D）。PL/pgSQLとは、PostgreSQLのユーザー定義関数で利用できるPostgreSQLの独自言語です。

適切でないものを選ぶ問題なので、**C**が正解です。

試験対策

データベースクラスタという概念を理解しておきましょう。
PostgreSQLの観点から見ると、データベースクラスタとは複数のデータベースの集合です。それぞれのデータベースの中に複数のテーブルが格納されます。
一方、ファイルシステムの観点から見ると、データベースクラスタとはストレージに記録されるPostgreSQLのデータ一式を格納するディレクトリです。

6. A

➡ P31

contribディレクトリに関する問題です。
ソースコードの**contrib**ディレクトリ以下には、想定されるユーザーが限定的であったり、主ソースツリーに含めるには実験的すぎることが主な理由で、PostgreSQLのコアシステムにはない機能が含まれます。したがって、**A**が正解です。
以下に代表的なプラグインを紹介します。

【代表的なcontribプラグイン】

プラグインの名前	説明
auto_explain	実行時間が遅いSQL文の実行計画を自動的にログ出力する。大規模アプリケーションで最適化されていないSQL文を追跡する場合に有効
pgstattuple	タプルレベルの統計情報を入手するための各種関数を提供する。リレーションのバイト単位の物理長やバイト単位の総不要タプル長の情報を取得可能
pg_stat_statements	実行されたSQLの種類、実行回数、実行時間などを集計、記録する。SQL文チューニングの参考となる

7. A

➡ P32

データベースクラスタの削除方法を問う問題です。
各選択肢に関する説明は以下のとおりです。

A. データベースクラスタの削除は、rmコマンドでDATADIRディレクトリを削除するだけで実行可能です。
B. dropdbは、データベースを削除するためのコマンドです。
C. pg_ctlコマンドにdropdbオプションは存在しません。なお、データベースクラスタを作成するためのinitdbというオプションはあります。
D. gmake distcleanはソースツリーを配布された状態に戻すために使われます。configureコマンドで間違ったオプションを設定してしまった場合は、

gmake distcleanを実行することが推奨されていますが、データベースクラスタを削除するようなコマンドではありません。

したがって、**A**が正解です。

8. D

➡ P32

PostgreSQLの複数インストールに関する問題です。
PostgreSQLは1台のマシンに複数インストールすることも、1つのPostgreSQLインストールに複数のデータベースクラスタを作成することもできます。したがって、**D**が正解です。ただし、クライアントが接続するためのポート番号が同じ場合は、起動できるのはいずれか1つです。

9. D

➡ P32

postgresql.confの接続パラメータに関する問題です。
postgresql.confは、PostgreSQLに関するさまざまな設定を行うためのファイルです。このファイルで、パラメータと値を指定します。

portは接続するポートを指定するパラメータで、デフォルトは**5432**です（A)。
max_connectionsは、データベースサーバに同時接続する最大数を指定するパラメータです（B)。
superuser_reserved_connectionsパラメータではスーパーユーザーのために予約されている接続数を指定し、接続数がmax_connectionsのパラメータ値を超えたときにスーパーユーザーが接続できなくなることを防ぎます（C)。デフォルトでは3です。
これらのパラメータはすべて、データベースクラスタの起動中には変更できず、再起動が必要です。適切でないものを選ぶ問題なので、**D**が正解です。

10. A

➡ P33

PostgreSQLのメモリパラメータに関する問題です。
PostgreSQLのデータを共有するためのメモリサイズは**shared_buffers**パラメータで指定します。buffers_pool_sizeは、MySQLなどで表記されるパラメータです(**A**)。PostgreSQL 11ではデフォルトは128MBであり、現在のハードウェア性能から見ると比較的小さな値が設定されています。これはスペックが低いハードウェアでも動作するための配慮ですので、一般的には実運用を考慮してサイズを変更します。

temp_buffersパラメータでは、ソートなど、セッションが一時的に使用するメモリを指定します。これはセッションごとに変更できますが、最初に

temp_buffersが使われる前に設定する必要があります。つまり、同一セッション内で処理の性質が異なるためtemp_buffersを変更する、というような使い方はできません（B）。

maintenance_work_memパラメータでは、VACUUMやCREATE INDEXなどの保守作業に使用されるメモリサイズを指定します。また、ALTER TABLE ADD FOREIGN KEYなどの処理でもこのパラメータで指定した値が使われます（C）。

wal_buffersパラメータでは、WAL（Write-Ahead Logging）データ用に共有メモリで確保されるメモリサイズを指定します。PostgreSQLでは、バッファキャッシュの内容はトランザクションがコミットされるかバッファがあふれるごとに書き出されます。

適切でないものを選ぶ問題なので、**A**が正解です。

11. D ➡ P33

listen_addressesパラメータに関する問題です。
listen_addressesパラメータには、接続を受け付けるTCP/IPアドレスを指定します。PostgreSQL 7.4よりIPv4だけでなくIPv6にも対応しています（A）。アスタリスク「*」は、すべてのIPインタフェースでの接続の受け付けを表します。listen_addressesパラメータの値を反映させるためには、データベースクラスタの再起動が必要です（B）。デフォルト値はlocalhostで、ローカルなループバック接続のみ許可します（C）。起動時にpostgresコマンドで-hオプションを指定することでlisten_addressesを設定した場合と同じ挙動とさせることができますが、インストール時に指定するものではありません（**D**）。
適切でないものを選ぶ問題なので、**D**が正解です。

12. D ➡ P33

postgresql.confの設定方法を問う問題です。
1行目のfull_page_writesは**BOOLEAN型**です。BOOLEAN型はデフォルトのonもしくはoffのほか、trueもしくはfalse、あるいは、1もしくは0を取ることがあります。PostgreSQLのマニュアルの中では、BOOLEAN型は「論理値型」や「論理値データ型」と記載されている場合もあります。
2行目のwal_buffersのように**数値型**の場合は、kB（キロバイト）、MB（メガバイト）、GB（ギガバイト）という単位を用いて表現することもできます。
また3行目のように、**時間型**の場合はd（日）、h（時間）、min（分）、s（秒）、ms（ミリ秒）を指定することもできます。
コメントは「#」に続けて記述します（次ページの例を参照）。「- … -」や「/* … */」は使えません。したがって、**D**が正解です。

例 コメントの記述

```
# commit_siblings = 5
```

13. C、D

➡ P34

postgresql.confに設定するパラメータと反映方法に関する問題です。

パラメータの変更を反映するためにPostgreSQLの再起動が必要な場合は、次のいずれかを実行します。

- `pg_ctl stop` および `pg_ctl start`
- `pg_ctl restart`

PostgreSQLの起動中にパラメータの変更を反映する場合は、次のいずれかを実行します。

- `pg_ctl reload`
- `kill -SIGHUP プロセスID`

設問のパラメータのうち、pg_ctl reloadで設定が反映されるのはenable_hashjoinとsearch_pathです。shared_buffersやlisten_addressesの値を変更するにはデータベースクラスタの再起動が必要です（A、**C**）。また、postgres（postmaster）プロセスにシグナルSIGHUPを送ることはpg_ctl reloadを実行することと同義です（B）。postgres（postmaster）プロセスにシグナルSIGINTを送ることはpg_ctl stop -m fastと同じですのでパラメータを反映させる方法としては適切ではありません（**D**）。
適切でないものを選ぶ問題なので、**C**と**D**が正解です。

試験対策
postgresql.confファイル内の代表的なパラメータとその記法、設定の反映方法を押さえておきましょう。

試験対策
以下のPostgreSQLコマンドの機能と使い方を押さえておきましょう。

- pg_ctl reload
- pg_ctl restart
- pg_ctl start
- pg_ctl stop

14. C

➡ P34

データベースの削除に関する問題です。
データベースの削除は**dropdb**コマンドや**DROP DATABASE**文で行います。構文は次のとおりです。

構文

```
dropdb データベース名          ……OSコマンドの場合
DROP DATABASE データベース名;    ……SQLの場合
```

dropdbコマンドを実行すると、データベース内のテーブルの有無にかかわらず削除が行われます。ただし、ユーザーが接続している場合には次のようなエラーが発生し、データベースの削除に失敗します。

例 データベース削除の失敗（エラー）

```
dropdb: database removal failed: ERROR:  database "foo" is
being accessed by other users
DETAIL:  There is 1 other session using the database.
```

したがって、**C**が正解です。

15. A、C

➡ P34

PostgreSQLの多言語対応に関する問題です。
文字エンコーディングはデータベースごとに指定でき（**A**）、データベースとクライアントの文字エンコーディングは別々に指定できます（**C**）。データベースとクライアントにそれぞれ異なる文字エンコーディングを指定した場合は、PostgreSQLが自動的に変換を行います。そのため、文字エンコーディングが異なっていても、透過的にデータにアクセスすることができます（B）。PostgreSQLは最初から日本語に対応しているので、日本語のデータを扱うための特別な設定は不要です（E）。
データベースの文字エンコーディングとして使用できる日本語に対応した文字エンコーディングは、EUC_JP、UTF8、MULE_INTERNALのみで、SJISは使えません。SJISはクライアントの文字エンコーディングとしてのみ使用できます（D）。
以上より、**A**と**C**が正解です。

※次ページに続く

試験対策

PostgreSQLの多言語対応の特徴を押さえておきましょう。
- デフォルトでマルチバイト文字に対応している
- データベースごとに指定できる
- データベース側とクライアント側で別々に指定しても透過的にデータにアクセスできる
- 日本語を扱う場合の組み合わせは、サーバ側がUTF8、EUC_JPで、クライアント側がUTF8、EUC_JP、SJIS（サーバ側にSJISが使えない）

16. E

➡ P35

PostgreSQLが使用するポートに関する問題です。
PostgreSQLが接続を受け付けるデフォルトのTCPポート番号は**5432**です。したがって、**E**が正解です。
このポート番号は、configureスクリプトの実行時に「--with-pgport=ポート番号」オプションを与えることによって変更することができます。
また、PostgreSQLの起動時に、環境変数やコマンドオプションでポート番号を変更することも可能です。

第3章

標準付属ツールの使い方

- createdbコマンド、dropdbコマンド
- createuserコマンド、dropuserコマンド
- pg_configコマンド
- psqlコマンド
- psqlのメタコマンド
- reindexdbコマンド
- postgresコマンド

☐ **1.** データベースを作成するPostgreSQLのコマンドを選びなさい。

A. createdatabase
B. createdb
C. create_db
D. pg_createdb

➡ P50

☐ **2.** 所有者がuser1ロールであるtestdbデータベースを作成するPostgreSQLのコマンドとして適切なものを選びなさい。

A. `createdb testdb user1`
B. `createdb -U user1 -D testdb`
C. `createdb -U user1 -d testdb`
D. `createdb -O user1 testdb`

➡ P50

☐ **3.** ロールを作成するPostgreSQLのコマンドとして適切なものを選びなさい。

A. createrole
B. create_role
C. createuser
D. createusr

➡ P51

☐ **4.** 以下の条件を満たすuser1ロールを作成するPostgreSQLのコマンドとして適切なものを選びなさい。

・ログインを許可する
・スーパーユーザーではない
・データベースの作成を許可する
・ロールの作成を許可する

A. `createuser -R -D -s user1`
B. `createuser -r -d -S user1`
C. `createuser -L -r -d -S user1`
D. `createuser -l -R -d -S user1`

➡ P51

□ **5.** PostgreSQLのconfigureスクリプトに与えたオプション情報を表示するコマンドとして適切なものを選びなさい。

A. `pg_config --configure`
B. `pg_configure -- configure`
C. `pg_conf --configure`
D. `pg_information --configure`
E. `pg_info --configure`

➡ P52

□ **6.** dropuserコマンドでロールを削除する際に、そのロールが所有しているデータベースが存在した場合の動作として適切なものを選びなさい。

A. データベースが暗黙的に削除される
B. スーパーユーザーが自動的にデータベースの所有者になる
C. データベースを削除するかどうかを確認される
D. データベースの所有者を変更するかどうかを確認される
E. エラーが発生する

➡ P52

□ **7.** dropdbコマンドでデータベースを削除する際に、削除対象のデータベースに接続がある場合の動作として適切なものを選びなさい。

A. データベースへの接続が強制的に切断され、データベースが削除される
B. データベースへの接続を切断するか確認される
C. エラーが発生する
D. データベースへ接続しているセッションに警告メッセージが送られる
E. データベースへの接続が切断されるまで一定期間再試行が行われる

➡ P53

☐ **8.** **user1ロールでtestdbデータベースに接続するためのpsqlコマンドとして適切なものを2つ選びなさい。**

A. `psql user1 testdb`
B. `psql testdb user1`
C. `psql -U user1 -d testdb`
D. `psql -u user1 -d testdb`
E. `psql -r user1 -d testdb`

➡ P54

☐ **9.** **psqlの¥lコマンドで表示される列として適切でないものを選びなさい。**

A. データベース名
B. 所有者
C. 文字エンコーディング
D. アクセス権限
E. OID

➡ P54

☐ **10.** **data.sqlファイルに記述されたSQL文を実行するpsqlコマンドとして適切なものを2つ選びなさい。**

A. `psql -f data.sql testdb user1`
B. `psql -i data.sql testdb user1`
C. `psql -o data.sql testdb user1`
D. `psql testdb user1 < data.sql`
E. `psql testdb user1 | data.sql`

➡ P55

☐ **11.** **テーブル一覧を表示するpsqlのメタコマンドを選びなさい。**

A. `¥t`
B. `¥T`
C. `¥dt`
D. `¥dT`
E. `¥Dt`

➡ P55

☐ **12.** インデックスを再作成するPostgreSQLのコマンドを選びなさい。

A. createindex
B. updateindex
C. reindex
D. reindex_db
E. reindexdb

➡ P56

☐ **13.** PostgreSQLのデータベースサーバのコマンドを選びなさい。

A. postgres
B. postgresql
C. pgsql
D. pgsqldb
E. pgsqlserver

➡ P57

☐ **14.** データベース名とロール名を省略してpsqlコマンドを実行した場合、デフォルトで用いられる接続先データベース名とロール名として適切なものを選びなさい。

A. データベース名とロール名は、ともにPostgreSQLのスーパーユーザー名が用いられる
B. データベース名とロール名は、ともにpsqlコマンドを実行したOSのユーザー名が用いられる
C. データベース名とロール名は、ともにpostgresが用いられる
D. データベース名はtemplate1、ロール名はadminが用いられる
E. データベース名はpostgres、ロール名はpsqlコマンドを実行したOSのユーザー名が用いられる

➡ P57

☐ **15.** psqlコマンドにて、スーパーユーザーでデータベースに接続したときのプロンプトとして適切なものを選びなさい。

A. >
B. %
C. $
D. =#
E. =>

➡ P57

第 3 章　標準付属ツールの使い方
解　答

1.　B　➡ P46

createdbコマンドに関する問題です。

データベースを作成するPostgreSQLのコマンドは**createdb**です。その他の選択肢のようなコマンドはありません。したがって、**B**が正解です。

2.　D　➡ P46

createdbコマンドのオプションに関する問題です。

createdbコマンドの構文は以下のとおりです。

構文　[　]は省略可能

```
createdb [接続オプション...] [オプション...] [データベース名] [コメント]
```

主な接続オプションとオプションは、以下のとおりです。

【主な接続オプション】

オプション	説明
-h ホスト名	接続するPostgreSQLサーバが稼働しているマシンのホスト名を指定する
-p ポート番号	PostgreSQLサーバが接続を受け付けているポート番号、もしくはUnixドメインソケットファイル※の拡張子を指定する
-U ロール名	接続に使用するロールを指定する

※Unixドメインソケットファイルはローカルマシン内の通信に使用されるファイルで、拡張子にはポート番号が用いられる

【主なオプション】

オプション	説明
-D テーブルスペース名	データベース用のデフォルトのテーブルスペースを指定する
-E 文字エンコーディング	データベースで使用される文字エンコーディングを指定する
-l ロケール	データベースで使用されるロケールを指定する
-O ロール名	データベースの所有者となるロール名を指定する
-T テンプレートデータベース名	データベースの作成に使用するテンプレートデータベースを指定する

-Uオプションでロールを指定しなかった場合は、createdbコマンドを実行したOSのユーザー名が接続に使用されます。
-Oオプションでデータベースの所有者を指定しなかった場合は、所有者は接続に使用したロールとなります。ただし、そのロールにはデータベース作成権限が必要になります。

A. testdbがデータベース名、user1がコメントと解釈されます。
B. -Dはテーブルスペースを指定するオプションです。
C. -dというオプションはありません。

以上より、**D**が正解です。

3. C ➡ P46

createuserコマンドに関する問題です。
ロールとは、PostgreSQLのデータベースユーザーやグループを表す概念です。ロールを作成するPostgreSQLのコマンドは**createuser**です。その他の選択肢のようなコマンドはありません。したがって、**C**が正解です。

4. B ➡ P46

createuserコマンドのオプションに関する問題です。
createuserコマンドの構文は以下のとおりです。

構文 [ ]は省略可能

```
createuser [接続オプション...] [オプション...] [ロール名]
```

接続オプションは、createdbコマンドと同じです（解答2を参照)。
主なオプションは、以下のとおりです。

【主なオプション】

オプション	説明
-c	ロールに対して最大接続数を設定する。デフォルトは無制限
-d	ロールに対してデータベースの作成を許可する
-D	ロールに対してデータベースの作成を禁止する
-l	ロールに対してログインを許可する
-L	ロールに対してログインを禁止する
-r	ロールに対してロールの作成を許可する
-R	ロールに対してロールの作成を禁止する
-s	ロールをスーパーユーザーとする
-S	ロールをスーパーユーザーとしない

これらのオプションは、権限の頭文字（Database, Login, Role, Superuser）になっており、基本的に小文字が許可、大文字が禁止の意味合いを持ちます。以上より、**B**が正解です。
--interactiveオプションを追加すると、権限に関する質問が対話的に行われます。--interactiveオプションを追加した場合に尋ねられる質問は、以下の3つです。

例 --interactiveオプション追加時の質問

```
Shall the new role be a superuser? (y/n)
Shall the new role be allowed to create databases? (y/n)
Shall the new role be allowed to create more new roles? (y/n)
```

なお、ログイン権限については質問されず、デフォルトは許可です。

5. A

➡ P47

pg_configコマンドに関する問題です。
インストール情報を表示するPostgreSQLのコマンドは**pg_config**です。その他の選択肢のようなコマンドはありません。
configureスクリプトに与えたオプション情報を表示するpg_configコマンドのオプションは**--configure**です。したがって、**A**が正解です。
これは、PostgreSQLをバージョンアップする際に、旧バージョンの構築時のオプションを知りたいときや、パッケージからインストールしたPostgreSQLの構築時のオプションを知りたいときに便利です。

6. E

➡ P47

dropuserコマンドに関する問題です。
dropuserは、データベースユーザーのアカウントを削除するコマンドです。
dropuserコマンドの基本的な構文は以下のとおりです。

構文 [ ]は省略可能

```
dropuser [接続オプション...] [ロール名]
```

接続オプションは、createdbコマンドと同じです（解答2を参照）。

ロールを削除する際にそのロールが所有するデータベースオブジェクトが1つでも存在すると、次のようなエラーが発生します。

例 ロール削除時のエラーメッセージ

```
dropuser: removal of role "user1" failed: ERROR:  role "user1"
cannot be dropped because some objects depend on it
DETAIL:  4 objects in database testdb
```

したがって、**E**が正解です。

このような場合にロールを削除するには、事前にそれらのデータベースオブジェクトを削除しておくか、もしくは所有者を変更しておく必要があります。

7. C

➡ P47

dropdbコマンドに関する問題です。
dropdbはデータベースを削除するコマンドです。
dropdbコマンドの基本的な構文は以下のとおりです。

構文 [ ]は省略可能

```
dropdb [接続オプション] [データベース名]
```

接続オプションは、createdbコマンドと同じです（解答2を参照）。
データベースを削除する際に削除対象のデータベースに接続があると、下記のようなエラーが発生します。

例 データベース削除時のエラーメッセージ

```
dropdb: database removal failed: ERROR:  database "testdb"
is being accessed by other users
DETAIL:  There is 1 other session using the database.
```

したがって、**C**が正解です。

データベースを削除するには、まず削除対象のデータベースへのセッションをすべて終了する必要があります。既存のセッションに対して警告メッセージが送られたり、一定期間再試行が行われることはありません。

8. B、C

➡ P48

psqlコマンドに関する問題です。
psqlコマンドの構文は、以下のとおりです。

構文 [　]は省略可能

```
psql [接続オプション...] [オプション...] [データベース名 [ロール名] ]
```

psqlの主な接続オプションは、createdbコマンドと同じです（解答2を参照）。
psqlコマンドは、**-dオプション**でデータベース名、**-Uオプション**でロール名を指定して接続します（**C**）。
オプションに属さない引数を指定した場合は、データベース名（データベース名が与えられている場合にはロール名）とみなされます。
psqlでオプションを指定せずにデータベースに接続するには、データベース名、ロール名の順番で指定します（A、**B**）。
選択肢Dの-u、選択肢Eの-rというオプションはありません。
以上より、**B**と**C**が正解です。

9. E

➡ P48

psqlのメタコマンドに関する問題です。
メタコマンドは、psql自身に実装されているコマンドです。
¥lは、データベース一覧を表示するコマンドです。実行例は以下のとおりです。

例 ¥lコマンドの実行例

```
postgres=# ¥l
                              List of databases
    Name    |  Owner   | Encoding | Collate | Ctype | Access privileges
------------+----------+----------+---------+-------+-----------------------
 postgres   | postgres | UTF8     | C       | C     |
 template0  | postgres | UTF8     | C       | C     | =c/postgres          +
            |          |          |         |       | postgres=CTc/postgres
 template1  | postgres | UTF8     | C       | C     | =c/postgres          +
            |          |          |         |       | postgres=CTc/postgres
(3 rows)
```

¥lコマンドを実行すると、データベースごとに次の情報が1行で表示されます。

・データベース名（Name）
・所有者（Owner）

・文字エンコーディング（Encoding）
・文字列の並べ替え順序（Collate）
・文字の分類（Ctype）
・アクセス権限（Access privileges）

¥lコマンドに「+」を付けて「¥l+」とすると、さらに以下の情報が追加されます。

・データベースサイズ
・テーブルスペース
・コメント

データベースのOID（オブジェクト識別子）は表示されません。適切でないものを選ぶ問題なので、**E**が正解です。

10. A、D

➡ P48

psqlコマンドに関する問題です。
ファイルに記述されたSQLコマンドをpsqlコマンドで実行するには、**-f**（**--file**）オプション、もしくは**リダイレクト**を使用します。したがって、**A**と**D**が正解です。
-iというオプションはありません（B）。-o（--output）は、引数に指定したファイルにクエリーの結果を書き出すオプションです（C）。「|」（パイプ）を使用するとpsqlコマンドの出力がdata.sqlに渡ってしまい、psqlコマンド自体は入力待ちの状態になるため、Eは意味のあるコマンドではありません。

11. C

➡ P48

psqlのメタコマンドに関する問題です。
テーブル一覧を表示するメタコマンドは**¥dt**です。したがって、**C**が正解です。
¥dtコマンドの実行例は以下のとおりです。

例 ¥dtコマンドの実行例

```
testdb=# ¥dt
        List of relations
 Schema | Name | Type  |  Owner
--------+------+-------+----------
 public | t1   | table | postgres
 public | t2   | table | postgres
(2 rows)
```

¥dtコマンドは、テーブルごとに次の情報を1行で表示します。

・スキーマ名（Schema）
・テーブル名（Name）
・オブジェクトの種類（Type）
・所有者（Owner）

¥dtコマンドに「+」を付けて「¥dt+」とすると、さらに以下の情報が追加されます。

・テーブルサイズ
・コメント

その他の選択肢に関する説明は以下のとおりです。

A. ¥tは、SELECT文の出力結果を行表示のみにするコマンドです。
B. ¥Tは、¥Hコマンドを実行して出力をHTML形式にしたときに、tableタグの属性を設定したり解除したりするコマンドです。
D. ¥dTは、データ型の一覧を表示するコマンドです。
E. ¥Dtというコマンドはありません。

12. E ➡ P49

reindexdbコマンドに関する問題です。
インデックスを再作成するPostgreSQLのコマンドは**reindexdb**です。したがって、**E**が正解です。その他の選択肢のようなコマンドはありません。
インデックスとは、「テーブルデータの物理的な格納場所」を保持しているデータベースオブジェクトです。インデックスをうまく利用すると、データの検索や並べ替えの性能が向上します。ただし、インデックスを作成すると、テーブルとインデックス間の同期処理が必要となるのでテーブルの挿入・更新時にオーバーヘッドが発生します。インデックスを作成する場合、検索時の性能向上と挿入・更新時の性能低下のバランスを考慮しましょう。

reindexdbコマンドの基本的な構文は、以下のとおりです。

構文 [ ]は省略可能

```
reindexdb [接続オプション] [-t テーブル名 | -i インデックス名]
データベース名
```

接続オプションはcreatedbコマンドと同じです（解答2を参照）。

13. A ➡ P49

postgresコマンドに関する問題です。

PostgreSQLのデータベースサーバのコマンドは**postgres**です。通常は、**pg_ctl**コマンドを使用してデータベースサーバを起動しますが、postgresコマンドに適切なオプションを指定して直接実行しても起動することができます。したがって、**A**が正解です。その他の選択肢のようなコマンドは存在しません。

14. B ➡ P49

psqlコマンドに関する問題です。

データベース名とロール名を省略してpsqlコマンドを実行した場合、データベース名とロール名は、ともにpsqlコマンドを実行したOSのユーザー名が用いられます。したがって、**B**が正解です。

15. D ➡ P49

psqlコマンドに関する問題です。

psqlコマンドは、**スーパーユーザー**でデータベースに接続した場合と、それ以外の場合とではプロンプトが変化します。

デフォルトでは、スーパーユーザーでデータベースに接続した場合は「**=#**」、それ以外の場合は「**=>**」になります。したがって、**D**が正解です。

試験対策

OSS-DB Silver試験の出題範囲に明記されているPostgreSQLコマンドは以下があります。それぞれの機能と使い方を押さえておきましょう。

・createdb
・createuser
・dropdb
・dropuser
・psql

第4章

SQL

- 基本的なSELECT
- LIMIT、OFFSET
- ORDER BY
- GROUP BY
- 結合
- DML
- DDL
- インデックス
- ビュー
- スキーマ
- マテリアライズドビュー
- テーブルパーティショニング

☐ **1.** テーブル作成に関する説明として適切なものを2つ選びなさい。

A. テーブルが持てるカラム数に上限はない
B. 作成直後のテーブルに格納されているデータは0行である
C. テーブル名として使用できるのは英数字のみである
D. テーブルはCREATE TABLE文で作成する
E. テーブル名、カラム名の大文字と小文字を区別させたい場合はシングルクォーテーションで囲む

➡ P84

☐ **2.** 次のSQL文でテーブルを作成したときに、エラーになる文を選びなさい。

```
CREATE TABLE tab1 (col1 INTEGER,col2 CHAR(1));
```

A. `INSERT INTO tab1 VALUES (1,'A');`
B. `INSERT INTO tab1 VALUES (2,'あ');`
C. `INSERT INTO tab1 VALUES (3,NULL);`
D. `INSERT INTO tab1 VALUES (4,'AB');`
E. `INSERT INTO tab1 (col2,col1) VALUES ('E',5);`

➡ P84

☐ **3.** テーブルtab1には以下のデータが格納されている。

id	price
1	100
2	149
3	150
4	151

以下のSQL文で戻される行数として適切なものを選びなさい。

```
SELECT * FROM tab1 WHERE price >=150;
```

A. 0行
B. 1行
C. 2行
D. 3行
E. 4行

➡ P85

□ **4.** 「等しくない」という意味の演算子として適切なものを選びなさい。

A. <=
B. >=
C. !
D. <>
E. ||

➡ P85

□ **5.** カラムidが1000以下の値を持つ行に対してカラムcommの値をNULLにするSQL文として、適切なものを選びなさい。

A. `UPDATE FROM employee comm = NULL WHERE id <= 1000;`
B. `UPDATE employee SET comm IS NULL WHERE id < 1001;`
C. `UPDATE employee SET comm = NULL WHERE id <= 1000;`
D. `UPDATE FROM employee.comm WHERE id < 1001;`
E. `UPDATE FROM employee SET comm = NULL`
`WHERE id <= 1000;`

➡ P86

□ **6.** テーブルsalesからカラムpriceが350以下の値を持つ行を削除し、削除した行を表示するSQL文として、適切なものを選びなさい。

A. `DELETE sales WHERE id <= 350;`
B. `DELETE WHERE id <= 1000 FROM sales;`
C. `DELETE FROM sales WHERE price <= 350;`
D. `DELETE FROM sales WHERE price <= 350 RETURNING *;`
E. `DELETE FROM sales WHERE price <= 351;`

➡ P86

□ **7.** 以下の定義でシーケンスを作成した。このときの説明として適切でないものを選びなさい。

```
CREATE SEQUENCE seq1 CYCLE;
testdb=# ¥d seq1
                              Sequence "public.seq1"
  Type  | Start | Minimum |       Maximum       | Increment | Cycles? | Cache
--------+-------+---------+---------------------+-----------+---------+-------
 bigint |     1 |       1 | 9223372036854775807 |         1 | yes     |     1
```

A. nextvalでは1が返る
B. nextvalでは0が返る
C. currvalを実行するとエラーになる
D. シーケンスは1ずつ増加する
E. 最大値に達すると1に戻る

➡ P86

□ **8.** 以下のSQL文でテーブルを作成したときに、エラーになるINSERT文を選びなさい。

```
CREATE TABLE foo (bar INTEGER);
```

A. `INSERT INTO foo VALUES ('12345');`
B. `INSERT INTO foo VALUES (5000000000);`
C. `INSERT INTO foo VALUES (123.45);`
D. `INSERT INTO foo VALUES (2000000000);`
E. `INSERT INTO foo VALUES (NULL);`

➡ P87

□ **9.** 文字データ型に関する説明として適切でないものを選びなさい。

A. CHARACTER型、CHARACTER VARYING型、TEXT型の3つがある
B. CHARACTER(1)では1バイトが格納できる
C. CHARACTER型で文字数が指定されていない場合はCHARACTER(1)として扱われる
D. CHARACTER VARYING型で文字数が指定されていない場合は無制限として扱われる
E. カラム定義以上の文字を格納しようとするとエラーになる

➡ P87

10. 現在の日付時刻は2019年9月14日の午後3時である。10日後の2019-09-24 15:00:00を返すよう、次のSQL文の下線部にあてはまるものを選びなさい。

```
SELECT CURRENT_TIMESTAMP::timestamp + ________________ ;
```

A. 10
B. interval(10)
C. '10 day'::timestamp
D. '10 day'::interval
E. 10::day

➡ P88

11. 現在の日付時刻は2019年11月25日の午後3時である。2019を返す関数を選びなさい。

A. year(CURRENT_TIMESTAMP::timestamp)
B. timeofyear(CURRENT_TIMESTAMP::timestamp)
C. extract(year, CURRENT_TIMESTAMP::timestamp)
D. extract(year from CURRENT_TIMESTAMP::timestamp)
E. age(year, CURRENT_TIMESTAMP::timestamp)

➡ P88

12. BOOLEAN型に関する説明として適切でないものを選びなさい。

A. データの格納領域として1バイト使用する
B. 値は3種類あり、いずれかのデータを保持する
C. 文字列で値を表現する場合は「't'」もしくは「'f'」とする
D. TRUEもしくはFALSEというキーワードを使用できる
E. INTEGER型の0が格納されるとFALSEとして扱われる

➡ P89

13. ラージオブジェクトに関する説明として適切でないものを2つ選びなさい。

A. 4TBまでのデータを扱うことができる
B. バイナリデータ、テキストデータのいずれかを扱う
C. ユーザーテーブルのカラムにラージオブジェクトを格納する
D. 格納にはlo_import関数もしくはpsqlの¥lo_importコマンドを使用する
E. lo_import関数はどのユーザーでも実行できる

➡ P89

□ **14.** 以下の中から、TRUEを返すSQL文を選びなさい。

A. `SELECT NULL != '';`
B. `SELECT 'NULL' = NULL;`
C. `SELECT NULL != NULL;`
D. `SELECT NULL IS NULL;`
E. `SELECT NULL;`

➡ P89

□ **15.** 以下のSQL文を実行した。このときに、テーブルproductsのカラムに関する説明として適切でないものを2つ選びなさい。

```
CREATE TABLE products (id INTEGER UNIQUE, name TEXT NOT NULL);
```

A. カラムidには、重複した値は格納できない
B. カラムnameには、NULLが格納できる
C. カラムnameには、NULLが格納できない
D. カラムidには、NULLが格納できる
E. カラムidには、NULLが格納できない

➡ P90

□ **16.** 以下のSQL文を実行した。このときにエラーになるINSERT文を2つ選びなさい。

```
CREATE TABLE points (col1 INTEGER PRIMARY KEY, col2 INTEGER,
CHECK ( col1 > 0 AND col2 < 0));
```

A. `INSERT INTO points VALUES (1, 0);`
B. `INSERT INTO points VALUES (2, -1);`
C. `INSERT INTO points VALUES (3, NULL);`
D. `INSERT INTO points VALUES (NULL, -4);`
E. `INSERT INTO points VALUES (5, -5);`

➡ P90

□ **17.** 以下の順序でテーブルresultsのデータを登録した。

```
CREATE TABLE results (id INTEGER,sales INTEGER DEFAULT 0);
INSERT INTO results VALUES(1,23);
INSERT INTO results VALUES(2,NULL);
INSERT INTO results (id) VALUES(3);
INSERT INTO results (id) VALUES(NULL);
```

以下のSQL文で戻される行数として適切なものを選びなさい。

```
SELECT COUNT(*) FROM results WHERE sales =0;
```

A. 0行
B. 1行
C. 2行
D. 3行
E. 4行

➡ P91

□ **18.** テーブルstudentのカラムsubject_idに、テーブルsubjectのカラムidの値が必ず存在するよう制約を追加したい。以下のテーブル定義文の下線部にあてはまるものを選びなさい。

```
CREATE TABLE subject (
id INTEGER PRIMARY KEY,
name TEXT
);
CREATE TABLE student (
student_id INTEGER,
subject_id INTEGER,
____________________
);
```

A. REFERENCES subject (subject_id)
B. REFERENCES subject (id)
C. REFERENCES subject (id) TO subject_id
D. FOREIGN KEY (id) REFERENCES subject (subject_id)
E. FOREIGN KEY (subject_id) REFERENCES subject (id)

➡ P91

☐ **19.** 以下のSQL文を実行した。

```
CREATE TABLE mtbl
(id INTEGER PRIMARY KEY, name TEXT);
CREATE TABLE stbl
(id INTEGER REFERENCES mtbl (id), stat INTEGER,
 s_date DATE);
INSERT INTO mtbl VALUES (1, 'itemA');
INSERT INTO stbl VALUES (1, 1, CURRENT_DATE);
```

次に実行して成功するSQL文を2つ選びなさい。

A. `INSERT INTO stbl VALUES (1, 1, CURRENT_DATE);`
B. `INSERT INTO stbl VALUES (2, 1, '2019-07-07');`
C. `UPDATE mtbl SET name = 'itemAX' WHERE id = 1;`
D. `UPDATE mtbl SET id = 100 WHERE id = 1;`
E. `UPDATE stbl SET id = 200 WHERE id = 1;`

➡ P92

☐ **20.** 以下のSQL文を実行した。

```
CREATE TABLE item_master (item_id INTEGER PRIMARY KEY,name TEXT);
CREATE TABLE sales (item_id INTEGER REFERENCES item_master(item_id)
ON DELETE CASCADE,ret INTEGER);
INSERT INTO item_master VALUES (1,'ringo');
INSERT INTO sales VALUES (1,10);
```

次に行う操作に関する説明として適切なものを選びなさい。

A. テーブルsalesの行を削除するとテーブルitem_masterの行も削除される
B. テーブルitem_masterの行を削除するとテーブルsalesの行も削除される
C. テーブルsalesのカラムidを更新するとテーブルitem_masterのカラムも更新される
D. テーブルitem_masterのカラムidを更新するとテーブルsalesのカラムidも更新される
E. お互いのテーブルのデータには干渉しない

➡ P93

21. 以下の定義で作成したテーブルitemを削除するSQL文として、適切なものを選びなさい。

```
CREATE TABLE item
(id INTEGER PRIMARY KEY,
item_name VARCHAR(30),
price INTEGER);

CREATE TABLE sales
(id INTEGER PRIMARY KEY,
salerid INTEGER REFERENCES ITEM(id),
item_id INTEGER,
counts INTEGER);
```

A. `DROP TABLE item WITH REFERENCES;`
B. `DROP TABLE item CASCADE;`
C. `DROP TABLE IF EXISTS item;`
D. `DROP TABLE item INCLUDING CONTENTS;`

➡ P93

22. 以下の定義でテーブルを作成した。このときにエラーになるINSERT文を選びなさい。

```
CREATE DOMAIN phone_number CHAR(13)
CHECK( VALUE ~ E'¥¥d{2,4}-¥¥d{3}-¥¥d{4}');
CREATE TABLE customer (custname char(20), tel phone_number);
```

A. `INSERT INTO customer VALUES ('CHISO','9876-543-3210');`
B. `INSERT INTO customer VALUES ('TANAKA',NULL);`
C. `INSERT INTO customer VALUES ('ENDO','0123-45-6789');`
D. `INSERT INTO customer VALUES ('ITO','01-234-5678');`
E. `INSERT INTO customer VALUES ('YASUDA','012-345-6789');`

➡ P94

□ **23.** ALTER TABLE文に関する説明として適切でないものを選びなさい。

A. ALTER TABLE文の実行中、変更しているテーブルに対するDML文やSELECT文は不可能である
B. ALTER TABLE文の実行中、変更しているテーブルに対するすべてのSQL文の実行は常に待機させられる
C. ALTER TABLE文でカラムの追加および削除ができる
D. ALTER TABLE文でカラムのデータ型の変更ができる
E. ALTER TABLE文で制約の追加・削除ができる

➡ P94

□ **24.** 以下のSQL文を実行した。テーブルvegetableの件数として適切なものを選びなさい。

```
CREATE TABLE item ( id INTEGER NOT NULL,name TEXT,category INTEGER);
INSERT INTO item VALUES(1,'orange',10);
INSERT INTO item VALUES(2,'melon',10);
INSERT INTO item VALUES(3,'carrot',20);
INSERT INTO item VALUES(4,'eggplant',20);
INSERT INTO item VALUES(5,'pear',10);
CREATE TABLE vegetable AS SELECT * FROM item WHERE category=20;
```

A. 1行
B. 2行
C. 3行
D. 4行
E. 5行

➡ P95

□ **25.** 以下のSQL文の説明として、適切でないものを選びなさい。

```
CREATE OR REPLACE VIEW fruit_view
AS SELECT * FROM fruit_table ORDER BY fruit_date DESC;
```

A. fruit_viewという名前のビューを定義している
B. fruit_viewという名前のビューがすでに存在している場合は置き換える
C. fruit_viewをSELECTすると、テーブルfruit_tableをカラムfruit_dateで降順でソートして表示する

D.　fruit_viewにUPDATE／DELETE／INSERTはできない
E.　ビューが作成されたかどうかはpg_viewsを参照して確認できる

➡ P96

☐ **26.** 以下のSQL文に関する説明として適切でないものを選びなさい。ただし、emp_viewはビューである。

```
CREATE OR REPLACE RULE rule_1 AS ON UPDATE TO emp_view
DO INSTEAD NOTHING;
```

A.　ルールrule_1を定義している
B.　rule_1という名前のルールがすでに存在している場合は置き換える
C.　UPDATE emp_viewを実行してもエラーは発生しない
D.　UPDATE emp_viewを実行すると、emp_viewの元のテーブルが更新される
E.　「DROP RULE rule_1 ON emp_view;」でルールが削除される

➡ P96

☐ **27.** 以下のSQL文の結果として適切なものを選びなさい。

```
CREATE TABLE emp (id INTEGER, empname TEXT, hiredate TIMESTAMP);
CREATE TABLE manager () INHERITS (emp);
INSERT INTO manager VALUES (1, 'SCOTT', CURRENT_TIMESTAMP);
SELECT * FROM emp;
```

A.　最初のCREATE TABLE文で構文エラーが発生する
B.　2つ目のCREATE TABLE文で構文エラーが発生する
C.　INSERT文はカラムの数が一致せずエラーが発生する
D.　SELECT文では0行が戻される
E.　SELECT文では1行が戻される

➡ P97

☐ **28**. スキーマの説明として、適切でないものを選びなさい。

A. initdbを実行するとデフォルトではpublicというスキーマが作られる
B. 1つのテーブルを複数のスキーマに所属させることはできない
C. スキーマが異なれば同じ名前のテーブルを作成することができる
D. スキーマとユーザーは1対1なので1つのスキーマを複数のユーザーで使用することはできない

➡ P97

☐ **29**. 以下の一連の処理の説明として適切なものを2つ選びなさい。

```
testdb=# show search_path;
 search_path
--------------
 $user public
testdb=# SELECT CURRENT_USER;
 current_user
--------------
 p904

CREATE TABLE item (col1 INTEGER);
INSERT INTO item VALUES (1);
CREATE SCHEMA p904;
CREATE TABLE item (col1 INTEGER);
SELECT * FROM item;
```

A. SELECT文では0行が戻される
B. SELECT文では1行が戻される
C. テーブルがすでに存在するため、2回目のCREATE TABLE文はエラーになる
D. 2回目のCREATE TABLE文によって、スキーマp904にテーブルが作成される
E. 2回目のCREATE TABLE文によって、スキーマpublicにテーブルが作成される

➡ P98

30. SQL文を実行すると、以下の結果が表示された。

```
SELECT * FROM score;
 id |      name       | score
----+-----------------+-------
  1 | UESUGI          |    78
  2 | TAKEDA          |    81
  3 | ODA             |    95
  4 | TOYOTOMI        |   100
  5 | DATE            |    77
  6 | OOTOMO          |    74
(6 rows)
```

上記のテーブルからscoreが高い順に並べ替え、2位から4位のデータを抜き出すSQL文として適切なものを選びなさい。

```
 id |      name       | score
----+-----------------+-------
  3 | ODA             |    95
  2 | TAKEDA          |    81
  1 | UESUGI          |    78
(3 rows)
```

A. `SELECT * FROM score ORDER BY score DESC LIMIT 3 OFFSET 2;`
B. `SELECT * FROM score ORDER BY score DESC LIMIT 3;`
C. `SELECT * FROM score ORDER BY score DESC LIMIT 3 OFFSET 1;`
D. `SELECT * FROM score ORDER BY score LIMIT 3 OFFSET 1;`

➡ P98

□ **31**. テーブルsalesに以下のデータが格納されている。

```
 item_id | number | order_date
---------+--------+------------
       1 |      3 | 2020-08-11
       2 |      3 | 2020-08-13
       1 |      1 | 2020-08-17
       2 |      4 | 2020-08-29
       1 |      3 | 2020-08-11
       3 |      1 | 2020-08-21
```

以下のSQL文で戻される行数として適切なものを選びなさい。

```
SELECT item_id,sum(number) FROM sales GROUP BY item_id;
```

A. 1行
B. 2行
C. 3行
D. 4行
E. 5行

➡ P98

□ **32**. テーブルsalesに以下のデータが格納されている。

```
 item_id | number | order_date
---------+--------+------------
       1 |      3 | 2020-08-11
       2 |      3 | 2020-08-13
       1 |      1 | 2020-08-17
       2 |      4 | 2020-08-29
       1 |      3 | 2020-08-11
       3 |      1 | 2020-08-21
```

以下のSQL文で戻される値として適切なものを選びなさい。

```
SELECT sum(number) FROM sales WHERE number >= 3
GROUP BY item_id  HAVING sum(number) > 6;
```

A. 2
B. 4
C. 6
D. 7
E. 13

➡ P99

33. 以下のSQL文と同じ結果を返すものを選びなさい。

```
                    Table "public.accounts"
  Column   |     Type      | Collation | Nullable | Default
-----------+---------------+-----------+----------+---------
 aid       | integer       |           | not null |
 bid       | integer       |           |          |
 abalance  | integer       |           |          |
 filler    | character(84) |           |          |

                    Table "public.tellers"
  Column   |     Type      | Collation | Nullable | Default
-----------+---------------+-----------+----------+---------
 tid       | integer       |           | not null |
 bid       | integer       |           |          |
 tbalance  | integer       |           |          |
 filler    | character(84) |           |          |
```

```
SELECT t.tid,t.tbalance,a.abalance FROM tellers t,accounts a
WHERE t.bid=a.bid;
```

A. SELECT t.tid,t.tbalance,a.abalance FROM tellers t
JOIN accounts a USING t.bid,a.bid;
B. SELECT t.tid,t.tbalance,a.abalance FROM tellers t
JOIN accounts a USING t.bid=a.bid;
C. SELECT t.tid,t.tbalance,a.abalance FROM tellers t
JOIN accounts a ON t.bid=a.bid;
D. SELECT t.tid,t.tbalance,a.abalance FROM tellers t
JOIN accounts a ON (t.bid,a.bid);

➡ P99

□ **34**. テーブルに以下のようなデータが格納されている。

```
SELECT * FROM accounts;
 aid | bid | abalance |filler
-----+-----+---------+-------
   1 |   0 |       10 | DATA1
   2 |   1 |       10 | DATA1
   3 |   2 |          | DATA1
   4 |   3 |       20 | DATA1
   5 |   4 |          | DATA1
   6 |   5 |       20 | DATA1
   7 |   6 |       20 | DATA1
(7 rows)

 SELECT * FROM tellers ;
 aid | bid | tbalance |filler
-----+-----+---------+-------
   1 |   0 |       10 | DATA1
   2 |   1 |       10 | DATA1
   3 |   2 |       10 | DATA1
   4 |   7 |       20 | DATA1
   5 |   8 |       20 | DATA1
(5 rows)
```

以下のSQL文で戻される行数として適切なものを選びなさい。

```
SELECT a.aid,t.tbalance,a.abalance FROM tellers t
RIGHT OUTER JOIN accounts a USING (bid);
```

A.　3行
B.　5行
C.　7行
D.　9行

➡ P100

□ **35**. テーブルに以下のようなデータが格納されている。

```
 SELECT * FROM accounts;
 aid | bid | abalance |filler
-----+-----+----------+-------
   1 |   0 |       10 | DATA1
   2 |   1 |       10 | DATA1
   3 |   2 |          | DATA1
   4 |   3 |       20 | DATA1
   5 |   4 |          | DATA1
   6 |   5 |       20 | DATA1
   7 |   6 |       20 | DATA1
(7 rows)

 SELECT * FROM tellers;
 aid | bid | tbalance |filler
-----+-----+----------+-------
   1 |   0 |       10 | DATA1
   2 |   1 |       10 | DATA1
   3 |   2 |       10 | DATA1
   4 |   7 |       20 | DATA1
   5 |   8 |       20 | DATA1
(5 rows)
```

以下のSQL文で戻される行数として適切なものを選びなさい。

```
SELECT * FROM accounts,tellers;
```

A. 2行
B. 7行
C. 12行
D. 35行

➡ P101

□ **36**. 以下の中から、エラーになるSQL文を選びなさい。ただし、テーブルsalには、複数行のデータが格納されているものとする。

A. `SELECT * FROM item WHERE id = (SELECT id FROM sal);`
B. `SELECT * FROM item WHERE id = (SELECT MAX(id) FROM sal);`
C. `SELECT * FROM item WHERE id IN (SELECT id FROM sal);`
D. `SELECT * FROM item WHERE id NOT IN (SELECT id FROM sal);`
E. `SELECT * FROM item WHERE id = ALL (SELECT id FROM sal);`

➡ P101

□ **37**. テーブルt1、t2には以下のデータが格納されている。

```
t1
 id | name
----+-------
  1 | DATA1
  2 | DATA2
  3 | DATA3
  4 | DATA4
  5 | DATA5

t2
 id | name
----+-------
  1 | DATA1
  3 | DATA2
  5 | DATA3
  7 | DATA1
```

以下のSQL文で戻される行数として適切なものを選びなさい。

```
SELECT * FROM t1
WHERE EXISTS (SELECT * FROM t2 WHERE t1.id = t2.id);
```

A. 1行
B. 2行
C. 3行
D. 4行
E. 5行

➡ P102

□ **38.** 以下の中から、エラーになるSQL文を2つ選びなさい。なお、テーブルt1、テーブルt2は、カラムid、cidを持つものとする。

A. `SELECT (SELECT * FROM t1 WHERE id = 1);`
B. `SELECT * FROM (SELECT * FROM t1);`
C. `SELECT * FROM t1 WHERE cid IN (SELECT cid FROM t2);`
D. `SELECT * FROM t1 WHERE cid = (SELECT MIN(cid) FROM t2);`
E. `SELECT * FROM t1 WHERE cid = ANY (SELECT cid FROM t2);`

➡ P102

□ **39.** 以下のように定義されたテーブルがある。

```
                    Table "public.tab_3"
 Column |          Type          | Collation | Nullable | Default
--------+------------------------+-----------+----------+---------
 id     | integer                |           |          |
 data   | character varying(20)  |           |          |

                      Table "public.tab_4"
  Column   |          Type          | Collation | Nullable | Default
-----------+------------------------+-----------+----------+---------
 countryid | integer                |           |          |
 data      | character varying(10)  |           |          |
```

この2つのテーブルを以下のSQL文で結合したときの結果として適切なものを選びなさい。

```
SELECT * FROM tab_3 UNION SELECT countryid,data FROM tab_4;
```

A. 問題なく実行される
B. UNIONでは結合するテーブルのカラム名が一致している必要があるためエラーとなる
C. UNIONでは結合するテーブルの持つカラムの型が一致している必要があるためエラーとなる
D. UNIONの構文に間違いがあるためエラーとなる

➡ P102

40. 以下のデータが格納されているテーブルがある。

```
 SELECT * FROM tab_1;
 id |   data
----+----------
  1 | TOKYO
  2 | YOKOHAMA
  3 | CHIBA
  4 | SAITAMA
(4 rows)

SELECT * FROM tab_2;
 id |   data
----+----------
  5 | NEW YORK
  2 | YOKOHAMA
  7 | CANBERRA
(3 rows)
```

以下のようにテーブルtab_1からテーブルtab_2にあるデータを除いた結果を返したい。

```
 id |  data
----+---------
  4 | SAITAMA
  1 | TOKYO
  3 | CHIBA
 (3 rows)
```

このような結果を返すSQL文として適切なものを選びなさい。

A. `SELECT * FROM tab_1 MINUS SELECT * FROM tab_2;`
B. `SELECT * FROM tab_1 EXCEPT SELECT * FROM tab_2;`
C. `SELECT * FROM tab_1 INTERSECT SELECT * FROM tab_2;`
D. `SELECT * FROM tab_1 NOT UNION SELECT * FROM tab_2;`

➡ P103

41. テーブルsupportをSELECTするカーソルを作成している。カーソルは順方向／逆方向にアクセスでき、トランザクションの終了後も参照可能にしたい。このとき、以下の下線部にあてはまるものを選びなさい。

```
DECLARE cur1 _____ FOR SELECT * FROM support;
```

A. CURSOR
B. SCROLL CURSOR WITH HOLD
C. SCROLL CURSOR FOR READONLY
D. NO SCROLL CURSOR WITH HOLD
E. CURSOR WITHOUT HOLD

➡ P104

42. テーブルt1には以下のデータが格納されている。

```
SELECT * FROM t1;
 id |  item
----+--------
  1 | mikan
  2 | suika
  3 | ichigo
```

次の処理結果の説明として適切なものを選びなさい。

```
BEGIN;
DECLARE c SCROLL CURSOR FOR SELECT item FROM t1 ORDER BY id;
MOVE FORWARD 2 FROM c;
FETCH FORWARD ALL FROM c;
COMMIT;
```

A. 「mikan」が返される
B. 「suika」が返される
C. 「ichigo」が返される
D. 0行が返される
E. 3行すべて返される

➡ P105

□ **43.** カーソルのクローズに関する説明として適切でないものを選びなさい。

A. 開いたカーソルに関連するリソースを解放する
B. 使用したカーソルは必ず明示的にクローズしなければならない
C. トランザクションが異常終了した場合、暗黙的にクローズされる
D. カーソルのクローズは「CLOSE カーソル名;」で行う
E. デフォルトでは、使用したカーソルは、トランザクションが終了すると暗黙的にクローズが行われる

➡ P106

□ **44.** テーブルbooksには以下のデータが格納されている。

```
id |      title       |  author
---+-----------------+----------
 1 | 吾輩は猫である   | 夏目漱石
 2 | 舞姫             | 森鴎外
 3 | こゝろ           | 夏目漱石
```

以下のSQL文で戻される行数として適切なものを選びなさい。

```
SELECT DISTINCT ON(author) * FROM books;
```

A. 1行
B. 2行
C. 3行
D. 空行
E. 構文エラーとなる

➡ P106

45. 以下のSQL文で作成されるテーブルスペースに関する説明として、適切なものを2つ選びなさい。

```
CREATE TABLESPACE ssdspace LOCATION '/sdb1/postgresql/data';
```

A. CREATE TABLESPACE文は、データベース作成権限を持ったデータベースユーザーが実行できる
B. テーブルスペースをデータベースクラスタと異なるストレージに格納することで、PostgreSQLが利用するストレージサイズを拡張できる
C. テーブルスペースをデータベースクラスタと異なるストレージに格納することで、データアクセスの用途とストレージ特性の調整ができる
D. テーブルスペースをデータベースクラスタと異なるストレージに格納することで、バックアップデータを独立して取得できる
E. テーブルスペースにデータベースオブジェクトを作成できるのはスーパーユーザー権限を持ったデータベースユーザーだけである

➡ P107

46. 以下のSQL文で作成されるデータベースオブジェクトに関する説明として、適切でないものを2つ選びなさい。

```
CREATE MATERIALIZED VIEW mv_history AS SELECT aid, max(delta)
FROM pgbench_history
GROUP BY aid ORDER BY max DESC LIMIT 10;
```

A. mv_historyのようなデータベースオブジェクトをマテリアライズドビューと呼ぶ
B. mv_historyへのINSERT、DELETE、UPDATEは実行可能である
C. mv_historyはデータとしての実体が存在する
D. pgbench_historyにデータ変更が発生すると、自動的にmv_historyにもその内容が反映される
E. pgbench_historyよりもmv_historyにアクセスしたほうがパフォーマンスがよい

➡ P108

47. 以下のような銀行口座の取引履歴データが100万件ある。

```
 tid | bid |  aid  | delta |           mtime            | filler
-----+-----+-------+-------+----------------------------+--------
   9 |   1 | 60705 | -4638 | 2019-01-04 10:03:47.399749 |
   4 |   1 | 87871 |  2218 | 2019-01-04 10:03:47.402956 |
(中略)
   3 |   1 | 83333 |  1696 | 2019-02-01 10:09:11.403976 |
   4 |   1 | 81368 | -1426 | 2019-02-01 10:09:12.404971 |
(中略)
   9 |   1 | 94826 | -3346 | 2019-03-01 10:04:38.405981 |
   8 |   1 | 34180 |  4637 | 2019-03-01 10:04:41.407042 |
(中略)
   3 |   1 | 26815 |  1761 | 2019-04-01 10:07:28.408219 |
   3 |   1 |  5217 |  3618 | 2019-04-01 10:07:39.4093   |
(中略)
   1 |   1 | 92170 |  2479 | 2019-05-07 10:00:43.410153 |
   4 |   1 | 37725 | -1478 | 2019-05-07 10:00:43.411016 |
(中略)
```

このデータを1つの大きなテーブルで管理せずに、いくつかの小さいテーブルに分割して管理したい。そのために以下のSQL文を実行した。

```
CREATE TABLE account_transaction_history(tid int,
bid int, aid int, delta int, mtime timestamp,
filler char(22)) PARTITION BY RANGE(mtime);
```

このSQL文に関する説明として適切でないものを2つ選びなさい。

A. このような手法をテーブルパーティショニングと呼ぶ
B. account_transaction_historyのことをパーティションテーブルと呼ぶ
C. このSQLを実行すると暗黙的にトリガ関数が作成され、作成されたトリガ関数がテーブル振り分けに使われる
D. テーブル分割はmtime列に格納される値の範囲に応じて行われる
E. 分割されるテーブルも自動的に作成される

➡ P109

☐ **48.** 以下のSQL文で作成したパーティションテーブルに、パーティションを1つ作成したい。

```
CREATE TABLE account_transaction_history(tid int,
bid int, aid int, delta int, mtime timestamp,
filler char(22)) PARTITION BY RANGE(mtime);
```

2019年のデータを格納するパーティションを作成するSQL文として、以下の下線にあてはまるものを選びなさい。

```
CREATE TABLE account_transaction_history_y2019
PARTITION OF account_transaction_history
______________________________________________;
```

A. FOR VALUES FROM ('2018-12-31') TO ('2020-01-01');
B. FOR VALUES FROM ('2019-01-01') TO ('2019-12-31');
C. FOR VALUES FROM ('2019-01-01') TO ('2020-01-01');
D. FOR VALUES BETWEEN '2019-01-01' AND '2020-01-01';
E. FOR VALUES BETWEEN '2019-01-01' AND '2019-12-31';

➡ P110

第4章　SQL
解　答

1.　B、D　➡ P60

テーブルの定義に関する問題です。
テーブルは**CREATE TABLE**文で作成します（**D**）。
テーブルに含めることができるカラムの数には制限があり、カラムに定義したデータ型に応じて250～1,600の間となります（A）。
また、テーブルの作成直後には、データは格納されていません（**B**）。
テーブル名には英数字のほか、日本語などのマルチバイト文字を使用できます（C）。
テーブル名やカラム名の大文字と小文字を区別するためには、シングルクォーテーション「'」ではなく、ダブルクォーテーション「"」で囲みます（E）。
以上より、**B**と**D**が正解です。

> **試験対策**
> CREATE TABLE文はテーブル名と、テーブルを構成する列名およびデータ型を定義します。さらに、後述の制約を追加したり、テーブルパーティショニングと呼ばれる機能で使われたりします。まとめて押さえておきましょう。

2.　D　➡ P60

データ登録に関する問題です。
テーブルにデータを登録するには**INSERT**文を使います。構文は以下のとおりです。

構文　[　]は省略可能

```
INSERT INTO テーブル名 [ ( カラム名 [, ...] ) ]
VALUES ( 式または値 [, ...] );
```

設問では、INTEGER型のcol1カラムとデータ長1文字のCHAR型のcol2カラムを持つテーブルtab1を作成しています。
文字列型の場合は、シングルクォーテーション「'」で囲むことで日本語のデータも登録できます。また、CHAR型で指定した数値は「文字数」であり「バイト数」ではありません。そのためマルチバイト文字の「あ」をcol2へ登録することができますが(B)、「AB」は2文字なのでエラーになります(**D**)。したがって、**D**が正解です。

NULL値を登録する場合は、該当カラムにNULLキーワードを指定します（C）。INSERT文で指定するカラムの順序は、テーブル作成時の定義順と一致している必要があります。定義順から変更する場合は、選択肢Eのように「INSERT INTO テーブル名 (カラム1, カラム2) VALUES (カラム1に登録するデータ, カラム2に登録するデータ);」という形式で、テーブル名の後ろにカラム名とデータをカラム順で指定します。

3. C

➡ P60

データの表示に関する問題です。
データを表示する際は**SELECT**文を使います。カラム名にアスタリスク「*」を指定するとテーブルの全カラムが表示されます。条件に一致する行を選択して出力する場合は**WHERE**句を指定します。設問の場合、カラムpriceが150以上の行が真となるため2行が戻されます。したがって、**C**が正解です。
SELECT文の主な構文は以下のとおりです。

構文 [ ]は省略可能

```
SELECT カラム名 [, ...] FROM テーブル名 [オプション];
```

オプションには、設問のようなデータ行を絞り込むWHERE句や、データをソートする**ORDER BY**句などを用いて、さまざまな操作を行うことができます。

4. D

➡ P61

演算子に関する問題です。
試験対策としては、一般的によく使用されるものを確認しておきましょう。

【主な演算子】

演算子	説明
+ - * /	加減乗除
||	文字列結合
<=	以下
>=	以上
<>または!=	等しくない
=	等しい
<	小なり
>	大なり

したがって、**D**が正解です。

5. C

➡ P61

データの更新に関する問題です。
データの更新を実行するには**UPDATE**文を使います。構文は以下のとおりです。

構文 [ ]は省略可能

```
UPDATE テーブル名 SET カラム名 = 値 [,...] WHERE 条件式;
```

変更する値は「SET カラム名 = 値」と指定し、変更するカラムが複数ある場合はカンマ区切りで指定します。WHERE句を使用して条件式を指定すると、条件にあった行のみが更新されます。WHERE句を指定しなかった場合は全行が更新されます。設問の条件「1000以下」は「<=1000」もしくは「<1001」と表現します。したがって、**C**が正解です。

6. D

➡ P61

データの削除に関する問題です。
データの削除を実行するには**DELETE**文を使います。構文は以下のとおりです。

構文 [ ]は省略可能

```
DELETE FROM テーブル名 [WHERE 条件式];
```

WHERE句を使用して条件式を指定することで、削除する行を特定できます。
PostgreSQL 8.2からは、RETURNING句でINSERT、UPDATE、DELETE文の実行後に処理したデータを表示できるようになっています。
したがって、**D**が正解です。

7. B

➡ P62

シーケンスに関する問題です。
シーケンスは連番を表すオブジェクトで、初期値、増分、最大値、最小値、周回の有無、高速化のためのキャッシュを設定することができます。

シーケンスを作成するには**CREATE SEQUENCE**文を使います。構文は以下のとおりです。

構文 [ ]は省略可能

```
CREATE SEQUENCE シーケンス名 [INCREMENT [BY] 増分値]
[MINVALUE 最小値 | NO MINVALUE]
[MAXVALUE 最大値 | NO MAXVALUE]
[START [WITH] 初期値] [CACHE キャッシュ数] [[NO] CYCLE];
```

設問では、値が最大値に達すると初期値に戻る（CYCLE）シーケンスを作成しています。
シーケンスは、「nextval('シーケンス名')」で値を取り出すため、一度もnextvalを呼んでいないシーケンスでcurrvalを実行するとエラーになります。デフォルトでは、最小値が1、増分値が1のシーケンスが作成され、nextvalが実行されるごとに1ずつ増加した値を返します。
適切でないものを選ぶ問題なので、**B**が正解です。

8. B

➡ P62

数値データ型に関する問題です。
PostgreSQLにはさまざまな数値データ型があり、それぞれのデータ型が扱うことができる値の範囲は異なります。

【データ型】

データ型	別名	バイト数	値の範囲
SMALLINT	INT2	2	-32768 ～ +32767
INTEGER	INT INT4	4	-2147483648 ～ +2147483647
BIGINT	INT8	8	-9223372036854775808 ～ +9223372036854775807
REAL	FLOAT4	4	6桁精度
DOUBLE PRECISION	FLOAT8	8	15桁精度
NUMERIC(精度, 位取り)	DECIMAL	可変長	整数部は131072桁まで、小数部は16383桁まで
SERIAL	—	4	1 ～ 2147483647
BIGSERIAL	—	8	1 ～ 9223372036854775807

設問では、**INTEGER**型のカラムbarを持つテーブルfooを作成しています。
文字列の数値を代入した場合、内部的に数値に変換する処理が行われます（A）。INTEGERは4バイトの記憶域を使用するため、5000000000という大きな数値は格納できません（**B**）。また、整数値を格納するデータ型では、123.45といった実数は小数点以下が四捨五入されて格納されます（C）。
したがって、**B**が正解です。

9. B

➡ P62

文字データ型に関する問題です。
CHARACTER型で指定する数値は「文字数」で、これはデータベースのどの文字エンコーディングにあっても同じです。マルチバイト文字で1文字2バイト以上の場合でも1文字に換算されます。したがって、CHARACTER(1)と指定した場合は、1文字として扱われます。
適切でないものを選ぶ問題なので、**B**が正解です。

> **試験対策**
> 文字データ型はCHARACTER、CHARACTER VARYING、TEXTの3種類です。それぞれの特徴を押さえておきましょう。
> 文字数制限を指定できるのはCHARACTER型、CHARACTER VARYING型で、文字エンコーディングに関係なく1文字を1と数えます。TEXT型には文字数制限はありません。

10. D ➡ P63

日付／時刻データ型に関する問題です。
PostgreSQLには日付と時刻を表現する**TIMESTAMP**型、日付のみの**DATE**型、時刻のみの**TIME**型があります。それぞれのデータ型の違いについて把握しておきましょう。
また、現在の時間を表す関数として、これらの各データ型に対応するものが用意されています。
statement_timestampとclock_timestampはPostgreSQL独自の関数で、それ以外はSQL標準の関数です。

- **current_timestamp**、**statement_timestamp**、**clock_timestamp**（TIMESTAMP型に対応）
- **current_date**（DATE型に対応）
- **current_time**（TIME型に対応）

日や時間の間隔を表す**INTERVAL**型を使うと、データの加算ができます。INTERVALは「'数値 単位'::interval」で表現します。指定できる単位はyear、month、dayなどです。
設問では、current_timestamp関数で取得した現在の日付／時刻に、INTERVAL型を使って10日後の日付と時刻を加算することで目的の日付／時刻を返すことができます。したがって、**D**が正解です。

11. D ➡ P63

日付／時刻データ型に関する問題です。
A、Bのような関数は存在しません。日付時刻の任意のフィールドを取得するには**extract**関数を使います。extract関数は、「extract(取得したいフィールド FROM タイムスタンプ型)」という形式で呼び出します（**D**）。選択肢Cは、構文が正しくありません。選択肢Eの**age**は、第2引数から第1引数までの経過期間をINTERVAL型で返す関数です。

12. E ➡ P63

BOOLEAN型に関する問題です。
BOOLEAN型は、TRUE、FALSEまたはNULLの3つのいずれかの値をとる論理値型です（B）。PostgreSQLでは、「TRUE」「FALSE」「t」「f」「1」「0」などで表現できます（C、D）。データの格納のために1バイトの領域を使用します（A）。
BOOLEAN型はTRUE／FALSEキーワードもしくは文字列を使用して格納できますが、INTEGER型などの数値（1や0）では格納できません。
適切でないものを選ぶ問題なので、**E**が正解です。

試験対策
問題8～12に出題されたPostgreSQLの基本的なデータ型を理解しておきましょう。
数値データ型、文字データ型、日付／時刻データ型、BOOLEAN型があります。日付や時刻を操作する関数も一緒に押さえておきましょう。

13. C、E ➡ P63

ラージオブジェクトに関する問題です。
ラージオブジェクトは4TBまでのバイナリデータ、テキストデータを扱うことができる、PostgreSQL固有の仕組みです（A、B）。
ラージオブジェクトの実体はテーブルpg_largeobjectに格納され、ユーザーテーブルには直接格納されません（**C**）。一般的にユーザーのテーブルにはpg_largeobjectのOID（各データに割り当てられるID）を格納し、そのOIDを使用して行と紐付けを行います。
格納にはlo_import関数、psqlの¥lo_importコマンドを使用し、取り出しにはlo_export関数、psqlの¥lo_exportコマンドを使用します（D）。lo_import関数、lo_export関数はスーパーユーザーのみが実行でき、サーバ側のファイルを扱うことができます（**E**）。
psqlの¥lo_importコマンド、¥lo_exportコマンドは一般ユーザーでも実行でき、クライアント側のファイルを扱うことができます。
適切でないものを選ぶ問題なので、**C**と**E**が正解です。

14. D ➡ P64

NULLに関する問題です。
NULLとは、「値がまだ格納されていないこと」や「値が不定であること」を表すキーワードです。NULLは、すべてのデータ型のカラムにセットできます。
NULLは0（ゼロ）や「''」（空文字）とは別のものなので、これらの値がカラムにセットされていてもNULLにはなりません。
NULLは“不定”を表すので、NULLを含む演算の結果はNULLになります。カラムのデータがNULLかどうかを確認するには「**IS NULL**」や「**IS NOT NULL**」という述語を使います。したがって、**D**が正解です。

> **試験対策** NULLの概念を理解し、NULLを比較する述語を押さえておきましょう。

15. B、E

➡ P64

テーブルの制約に関する問題です。
制約とはテーブルに格納されるデータを限定させる機能です。テーブルの定義時に、制約を付与することができます。構文は以下のとおりです。

構文 [ ]は省略可能

```
CREATE TABLE テーブル名 ([カラム名 カラムのデータ型 [制約 [ ... ]]
[, ... ]]);
```

設問のテーブル定義では、カラムidに一意制約が付与されています。**UNIQUE制約**はテーブル内のすべての行でカラム値が一意であることを保証する制約です（A)。ただし、NULL値だけは例外的に重複して格納可能です（D、**E**)。
また、カラムnameにはNOT NULL制約が付与されています。**NOT NULL制約**は、カラムがNULLを格納しないことを保証する制約です（**B**、C)。
適切でないものを選ぶ問題なので、**B**と**E**が正解です。

16. A、D

➡ P64

カラムの制約に関する問題です。
制約は、テーブル単位だけでなく、カラムごとに定義することも可能です。設問のSQLでは、テーブルpointsのcol1とcol2のそれぞれに制約を定義しています。

主キー制約は、1つのテーブルに主キーが1つだけであり、重複する値やNULLが格納されないことを保証する制約です。設問のSQLでは、カラムcol1に主キー制約が付与されています。このため、カラムcol1にはNULLを格納することはできません（**D**)。
チェック制約は、カラムの値が指定した条件式を満たすことを保証します。設問のテーブルのカラムcol2にはチェック制約が付与されており、カラムcol1が0よりも大きく、カラムcol2は0未満である必要があります。**A**のINSERT文では、カラムcol2の値が0であるため条件を満たしていません。
したがって、**A**と**D**が正解です。

17. C

➡ P65

テーブルの制約およびNULLの扱いに関する問題です。

デフォルト値を定義することで、テーブルへの登録時に値が指定されていなくても、デフォルト値が格納されるようになります。デフォルト値が定義されていない場合はNULLになります。設問のCREATE TABLE文では、テーブルresultsのカラムsalesにデフォルト値（0）が与えられています。

また、設問の2番目のINSERT文ではカラムsalesにNULL値を明示的に指定していますが、NOT NULL制約は指定されていないので、そのままNULLが格納されます。3番目と4番目のINSERT文ではカラムsalesに値を設定していないため、デフォルト値の0が格納されます。

次に、SELECT文ではカラムsalesのデータが0である行数を「COUNT(*)」で取得しようとしています。したがって、**C**が正解です。

18. E

➡ P65

外部キー制約に関する問題です。
外部キー制約は、テーブル間でデータの整合性を維持するための制約です。構文は以下のとおりです（制約部分のみ抜粋）。

構文　[ ]は省略可能

```
FOREIGN KEY (カラム名 [, ... ])
REFERENCES 参照するテーブル [(参照するカラム [, ... ])]
```

外部キー制約で参照される側のカラムには主キー制約もしくは一意制約が設定されている必要があることを覚えておきましょう。
参照される側のテーブルを被参照テーブル、参照する側のテーブルを参照テーブルと呼びます。
設問の場合、被参照テーブルsubjectのカラムidが主キーとなり、参照テーブルstudentのカラムsubject_idが外部キーとなります。したがって、**E**が正解です。
Dは外部キーと主キーに指定するカラムが逆になっています。A～Cは構文が間違っています。

19. A、C

➡ P66

外部キー制約に関する問題です。
外部キー制約の動作は、デフォルトでは次のようになります。

- 被参照テーブルに存在しない値を持つ行を参照テーブルには挿入できない（被参照テーブルmtblのカラムidに1が格納されると、参照テーブルstblのカラムidには1以外を格納できない）
- 参照テーブルでは、被参照テーブルに存在しない値を持つような行の更新はできない（参照テーブルstblのカラムidは、被参照テーブルmtblのカラムidの値1以外には更新できない）
- 被参照テーブルの行が参照テーブルから参照されている場合、被参照テーブルのその行は削除、更新はできない（被参照テーブルmtblのカラムidの値1は参照テーブルstblで参照されているため、削除も更新もできない）

このため、B、D、Eはエラーになります。したがって、**A**と**C**が正解です。

試験対策

制約の種類、定義方法を理解しましょう。制約の定義方法は「CREATE TABLE tbl1 (id INTEGER NOT NULL);」といったように、カラムのデータ型の後ろに続けて制約を指定します。制約はスペース区切りで複数指定可能です。

制約の種類	用途	定義方法
チェック制約	格納される値を制限する	CHECK(制約の条件式)
NOT NULL制約	NULLの格納を禁止する	NOT NULL
UNIQUE制約	格納される値の重複を禁止する（NULLの重複は許す）	UNIQUE
DEFAULT値	デフォルト値を格納できる	DEFAULT デフォルト値
主キー制約	UNIQUEかつNOT NULLな制約を課す	PRIMARY KEY
外部キー制約	テーブル間のデータの整合性を保つ	REFERENCES 参照テーブル名(参照するカラム名)

20. B

➡ P66

制約のCASCADEオプションに関する問題です。
DELETE CASCADEオプションが指定されている場合、被参照テーブルの行が削除されると参照テーブルの該当行も同時に削除され、テーブル間の整合性を効率的に保つことができます。

そのほかに、**UPDATE CASCADE**オプションがあり、被参照テーブルの行が更新された場合、参照テーブルの該当行も同時に更新されます。

したがって、**B**が正解です。

21. B

➡ P67

参照制約が付いているテーブルの削除に関する質問です。
被参照テーブルを削除する場合の構文は以下のとおりです。

構文 [ ]は省略可能

```
DROP TABLE テーブル名 [, ...] [CASCADE | RESTRICT];
```

被参照テーブルを削除する場合は、**CASCADE**オプションが必要です。CASCADEオプションを指定しなかった場合は、次のようなエラーになります。これはDROP TABLEのデフォルトの振る舞いで、RESTRICTオプションを明示的に指定した場合も同様です。

例 CASCADEオプションを指定せずにテーブルを削除（エラー）

```
ERROR:  cannot drop table item because other objects
depend on it
DETAIL:  constraint sales_salerid_fkey on table sales
depends on table item
HINT:  Use DROP ... CASCADE to drop the dependent objects
too.
```

AやDのような構文はありません。また、CのIF EXISTSオプションはテーブルが存在しない場合でもエラーとしないオプションであり、制約を削除するオプションではありません。したがって、**B**が正解です。

22. C

➡ P67

DOMAINに関する問題です。
DOMAINはデータ型に制約を指定して別名を付けたもので、テーブル定義の際にデータ型として使うことができます。DOMAIN作成の構文は以下のとおりです。

構文 [ ]は省略可能

```
CREATE DOMAIN ドメイン名 [AS] データ型 [制約 [ ... ]];
```

たとえば、自宅番号、携帯番号、勤務先番号といったカラムに、繰り返しデータ型やチェック制約を指定するよりも、DOMAINで定義した別名で指定したほうがわかりやすくなります。

DOMAINで使用できる制約には、NOT NULL、CHECK、DEFAULTがあり、CHECKの場合は、カラム名の代わりにVALUEキーワードを使用します。

設問では、CHAR(13)のカラムに電話番号の桁形式でのみ格納するチェック制約をDOMAINで定義しています。正規表現で最初の桁が2～4桁、2つ目の桁が3桁、3つ目の桁が4桁の電話番号を表現しています。**C**は、2つ目の桁が2桁しかないのでチェック制約の条件を満たさずエラーになります。したがって、**C**が正解です。NOT NULL制約が指定されていないため、BのINSERT文は実行可能です。

23. B

➡ P68

ALTER TABLE文に関する問題です。
ALTER TABLE文ではテーブル定義を変更することができます。たとえば、次のような変更が可能です。

・カラムの追加／削除（C）
・制約の追加／削除（E）
・カラムのデフォルト値の変更
・カラムのデータ型の変更（D）
・カラム名の変更
・テーブル名の変更

構文は以下のとおりです。

構文 [ ]は省略可能

```
ALTER TABLE テーブル名 ADD [COLUMN] カラム名 データ型 [制約 [...]];
```
…… カラムの追加

```
ALTER TABLE テーブル名 DROP [COLUMN] [IF EXISTS]
カラム名 [RESTRICT | CASCADE]; …… カラムの削除

ALTER TABLE テーブル名 ALTER [COLUMN] カラム名 [SET DATA]
TYPE データ型 [USING 式]; …… カラムのデータ型の変更

ALTER TABLE テーブル名 ADD [制約 [...]]; …… 制約の追加

ALTER TABLE テーブル名 DROP CONSTRAINT [IF EXISTS]
制約名 [RESTRICT | CASCADE]; …… 制約の削除

ALTER TABLE テーブル名 ALTER [COLUMN] カラム名
SET DEFAULT デフォルト値; …… デフォルト値の設定

ALTER TABLE テーブル名 RENAME カラム名 TO 新カラム名;
…… カラム名の変更

ALTER TABLE テーブル名 RENAME TO 新テーブル名;
…… テーブル名の変更
```

変更したい項目ごとに構文が異なります。試験対策では、設問の選択肢C、D、Eに挙げた機能については構文を理解しておきましょう。
テーブル定義を変更するため、DML文やSELECT文のアクセスは待機させられます（A）。ただし、ALTER TABLE実行中のテーブルに対するどのSQLが待たされるかは、ALTER TABLEによって変更される項目に依存します。必ずしもすべてのSQL文が常に待たされるわけではありません。適切でないものを選ぶ問題なので、**B**が正解です。

24. B

➡ P68

CREATE TABLE AS句に関する問題です。
CREATE TABLE AS句で、SELECT文の実行結果を元にしてテーブルを作成することができます。構文は以下のとおりです。

構文

```
CREATE TABLE テーブル名 AS SELECT文
```

新しいテーブルはSELECT文の実行結果の並びに合わせてカラム名とデータ型が定義され、行が挿入されます。
設問では、テーブルitemのカラムcategoryが20である行を選択し、これを元にしてテーブルvegetableを作成しています。したがって、**B**が正解です。

ただし、元のテーブルに定義されているインデックスや制約は引き継がれない点に注意しましょう。

25. D ➡ P68

ビューに関する問題です。
ビューは仮想的なテーブルで、ビューの定義以外に実体は存在しません。あるSELECT文の実行結果を元にして、ビューを作成します。ビューは、複雑なSELECT文を簡単に扱いたい場合に使うと便利です。
ビューの作成は、**CREATE VIEW**文で行います。構文は以下のとおりです。

構文 [ ]は省略可能

```
CREATE [OR REPLACE] VIEW ビュー名 [(カラム名 [, ... ])]
AS SELECT文
```

ビューに対するSELECT文の実行結果は、ビュー定義時に指定したSELECT文と同じ結果となります。

設問のCREATE VIEW文では、fruit_viewという名前のビューを定義しています。テーブルfruit_tableのカラムfruit_dateで降順にソートして表示した行を、ビューfruit_viewとして定義しています（A、C）。また、OR REPLACEオプションが指定されているので、同じ名前のビューがある場合は新しいものに置き換えられます（B）。作成されたビューは、pg_viewsを参照すれば確認できます（E）。

ビューは基本的にSELECTしか実行できません。しかし、ビューの定義内容が単純である場合は、ビューに対してUPDATE／DELETE／INSERTも実行可能です。単純なビューとは、具体的には定義内容が3つの条件を満たすビューのことです。すなわち、（1）単一のテーブルのみを使っている、（2）列表示はテーブル列の単純表示のみ、（3）表示する行の制御にWHERE条件かORDER BYしか用いていない、です。あるいは、RULEを定義することで、UPDATE／DELETE／INSERTも実行可能です。設問のビューは単純なビューに該当するので、UPDATE／DELETE／INSERTも実行可能です。適切でないものを選ぶ問題なので、**D**が正解です。

26. D ➡ P69

ルールに関する問題です。
ルールはSQLの書き換えを行う仕組みです。SQLの実行時に、定義したルールに従って書き換えが行われ、書き換えられたSQLが実行されます。

ルールの作成は**CREATE RULE**文で行います。構文は以下のとおりです。

構文 [ ]は省略可能。{ }は選択

```
CREATE [OR REPLACE] RULE ルール名 AS ON イベント TO テーブル名
DO [ALSO | INSTEAD] {NOTHING | コマンド | (コマンド; コマンド ...)};
```

設問では、emp_viewのUPDATE時のルールrule_1を定義しています。通常はDO INSTEADの後ろに元のテーブルへのUPDATE文を指定します。NOTHINGは「何も動作しない」というキーワードで、ビューに対してUPDATE文を行っても何も更新されません。適切でないものを選ぶ問題なので、**D**が正解です。

27. E

➡ P69

継承に関する問題です。
テーブル継承の構文は以下のとおりです。

構文 [ ]は省略可能

```
CREATE TABLE テーブル名 (カラム名 カラムのデータ型 [, ... ])
INHERITS (親テーブル名 [, ... ]);
```

継承を使用すると、親テーブルを継承した子テーブルを定義できます。
子テーブルでは独自に定義したカラムに加え、親テーブルのカラムも持ちます。それだけでなく、親テーブルを検索すると子テーブルの行も参照できるようになります。
設問では、テーブルemp、managerの継承関係を定義し、子テーブルにINSERTして親テーブルのSELECTを行っており、結果として子テーブルのデータを参照することができます。
したがって、**E**が正解です。

28. D

➡ P70

スキーマに関する問題です。
スキーマとは、データベース内に定義される名前空間です。initdbでデータベースクラスタを作成すると、スーパーユーザーと**public**スキーマが作成されます(A)。テーブルやインデックスなどは必ず1つのスキーマに所属します。複数のスキーマに所属させることはできません(B)。また、異なるスキーマであれば同じテーブルの名前を使用することができます(C)。ユーザーは適切な権限を与えられることで異なるスキーマにオブジェクトを作成したり、参照したりすることができます(**D**)。適切でないものを選ぶ問題なので、**D**が正解です。

29. A、D

➡ P70

スキーマに関する問題です。
スキーマはデフォルトではpublicが使用され、設問の場合はpublic.itemが正式なオブジェクト名になります。スキーマ名を省略すると、実行時パラメータsearch_pathに従ってスキーマが決定されます。
設問では、最初のCREATE TABLE文ではpublicスキーマにテーブルを作成し、1行格納しています。次にCREATE SCHEMAでスキーマp904を作成すると「$user」（CURRENT_USERのp904）が優先されるようになります。2回目のCREATE TABLE文ではp904.itemが作成されますが（**D**）、データは格納されていません。SELECT文でもスキーマ名を省略しているので、search_pathの設定に従ってp904.itemを参照するため、結果として0行が戻されます（**A**）。したがって、**A**と**D**が正解です。

30. C

➡ P71

LIMITとOFFSETの使い方を問う問題です。
構文は以下のとおりです（抜粋）。

構文 ｛　｝は選択

```
LIMIT ｛抽出数 | ALL｝ OFFSET 読み飛ばす行数
```

LIMITには値を何件取り出すかを指定します。**OFFSET**は何件目から取り出すかを0から数えます。先頭から取り出す場合はOFFSETを0に指定します。LIMITとOFFSETを使うときは通常、ORDER BY句を一緒に使います。これは、ORDER BY句を指定しなかった場合にPostgreSQLが返す値の順序が保証されないためです。
以上より、**C**が正解です。

31. C

➡ P72

GROUP BY句に関する問題です。
GROUP BY句で指定したカラムでデータをグループ単位に分類します。一般的には、グループ単位に分類し集計関数で集計して利用します。設問では、テーブルsalesのカラムitem_idでグループ化し、各グループのカラムnumberを集計して返します。結果は次のようになります。

例 グループ化されたデータ

```
 item_id | sum
---------+-----
       1 |   7
       3 |   1
       2 |   7
```

したがって、**C**が正解です。

32. D ➡ P72

HAVING句に関する問題です。
HAVING句では、GROUP BY句でグループ単位にまとめた「結果」に対して条件を指定します。条件を指定する句としてWHEREがありますが、こちらはグループ化する「前のデータ」に条件を指定することに注意してください。HAVINGとWHEREの両方を使用した場合は、WHERE句で先に絞り込み、その結果をグループ化してHAVING句で条件指定します。
設問では、カラムnumberが3以上のデータでグループ化します。item_idが1の合計は6、item_idが2の合計が7です。ここで、HAVING句で合計が6より大きい条件を指定しているため結果は7になります。
したがって、**D**が正解です。

33. C ➡ P73

SQL99の結合に関する問題です。
結合は、1つのSELECT文を使って複数のテーブルからデータを取り出す処理です。PostgreSQLではSQL99でのテーブルの結合構文を使用することができます。人間が見てわかりやすいため、SQL99の構文を利用することでSQLの可読性が改善されます。

JOINの構文は以下のとおりです。

構文 [ ]は省略可能

```
テーブル名1 [INNER] JOIN テーブル名2 ON 条件式
```

上記のとおり、**ON**を使う場合は条件式を指定します。したがって、**C**が正解です。Dは、カラム名が指定されているので誤りです。

また、結合するカラム名が同じ場合は以下のように記述することもできます。

※次ページに続く

構文 [ ]は省略可能

```
テーブル名1 [INNER] JOIN テーブル名2 USING (カラム名)
```

上記のとおり、**USING**を使う場合はカラム名を指定します。Bは、条件式が指定されているので誤りです。また、Aはカラム名をカッコで囲んでいないので誤りです。

34. C

➡ P74

外部結合に関する問題です。
外部結合の構文は以下のとおりです。

構文 [ ]は省略可能。{ }は選択

```
テーブル名1 {LEFT | RIGHT | FULL} [OUTER] JOIN テーブル名2
USING (結合するカラム)
```

LEFT [OUTER] JOINで左外部結合、**RIGHT [OUTER] JOIN**で右外部結合、**FULL [OUTER] JOIN**で完全外部結合を行います。

外部結合では、結合する相手のデータが存在しない場合でも結果の行を生成し、結合先に対応する行がない場合はNULLで補完して返します。
設問の場合は、RIGHT OUTER JOINで外部結合をしています。そのため、RIGHT OUTER JOIN句の右に記述されているテーブルaccountsを軸に結合を行い、テーブルtellersに存在しない、bid=5と6の行についてはnullを返します。

例 設問の結合の結果

```
 aid | tbalance | abalance
-----+----------+----------
   1 |       10 |       10
   2 |       10 |       10
   3 |       10 |
   4 |          |       20
   5 |          |
   6 |          |       20
   7 |          |       20
(7 rows)
```

上記の結果となるので、**C**が正解です。

35. D ➡ P75

CROSS結合に関する問題です。
条件式を指定しないテーブルの結合は、すべての組み合わせ可能な結合、つまり、直積（デカルト積）で結果が返されます。このSQLは以下のような**CROSS JOIN**句を用いた結合文と等価です。

例 CROSS結合

```
SELECT * FROM  accounts CROSS JOIN tellers;
```

設問では、テーブルaccountsは7行、テーブルtellersは5行なので7×5＝35行となります。したがって、**D**が正解です。

> **試験対策**
> 正規化によってテーブルは分割されますが、分割された複数のテーブルを組み合わせて必要なデータを取得するために結合はよく使われます。結合の構文を押さえておきましょう。

36. A ➡ P76

サブクエリー（副問い合わせ）に関する問題です。
サブクエリーでは、WHERE句で指定する条件式にSELECT文を用いて、そのSELECT文が返した結果を主となるSELECT文で利用します。
WHERE句で「=」「>」「<」「>=」「<=」「<>」と共にSELECT文を組み込む場合は、そのSELECT文は必ず単一行を返さなければなりません。複数行を返すとエラーになります。
複数行を返すサブクエリーには、「IN」「NOT IN」「ALL」「ANY」「SOME」を使用します。これらは、単一行を返すサブクエリーでも使用できます。「NOT IN」と「<>ALL」、「IN」と「=ANY」、「SOME」と「ANY」は同じ意味です。

A. サブクエリーが複数行を返す場合、エラーになります。
B. MAX関数により必ず1行のみが返されるため問題ありません。
C. サブクエリーの結果のいずれかに該当する場合に真となります。
D. サブクエリーの結果のいずれも含まない場合に真となります。
E. サブクエリーの結果のすべてと一致した場合に真となります。

したがって、**A**が正解です。

37. C ➡ P76

EXISTSを使用したサブクエリーに関する問題です。
EXISTSを使用したサブクエリーの構文は以下のとおりです。

構文

```
クエリー WHERE EXISTS (サブクエリー);
```

EXISTSを使用した場合、後続のサブクエリーが1行でも返した場合に真になります。

設問では、t1の1行を読み込むとサブクエリーのt2を参照します。このように外のSQLとサブクエリーが関わり合っているSQLを**相関副問い合わせ**と呼びます。t1とt2のカラムidが一致する行は1、3、5の3行です。したがって、**C**が正解です。

38. A、B ➡ P77

サブクエリーに関する問題です。
サブクエリーを選択リストの部分やFROM句の部分で使用する場合、サブクエリーが返すカラムが1列なのか、複数列なのかに注意しましょう。

選択肢**A**のように選択リストで使用する場合は、サブクエリーは1列を返さなければいけません。テーブルt1が1列のみの場合は問題ありませんが、2つのカラムがあるため、エラーになります。
選択肢**B**では、FROM句でサブクエリーを使用しています。複数カラム、複数行を返すSELECT文を記述できます。この場合は、サブクエリーを識別するために「SELECT * FROM (SELECT * FROM t1) AS t」などのように、別名を加える必要があります。
選択肢C～Eは単一行、複数行を返すサブクエリーを使用しています。
以上より、**A**と**B**が正解です。

39. A ➡ P77

UNIONに関する問題です。
設問のSQLでは、テーブルtab_3のカラムidとtab_4のcountryid、両テーブルのカラムidを対応させて正しく記述されています（D）。1つ目のSELECT文では全カラムを表示する「*」が使用されていますが、この場合はテーブルの定義順になります。
UNIONを使った結合に関する注意点は次のとおりです。

・テーブル間の対応するカラム名が異なっていても結合可能（B）
・互換性があるデータ型同士であれば、異なっていても結合可能（C）
・対応するカラムのデータ長が異なっていても結合可能

したがって、**A**が正解です。
以下のようなテーブルの組み合わせの場合はエラーとなります。

例 UNIONで結合できないテーブルの定義

```
                    Table "public.tab_3"
 Column |         Type          | Collation | Nullable | Default
--------+-----------------------+-----------+----------+---------
 id     | text                  |           |          |
 data   | character varying(20) |           |          |

                    Table "public.tab_4"
  Column   |         Type          | Collation | Nullable | Default
-----------+-----------------------+-----------+----------+---------
 countryid | numeric               |           |          |
 data      | character varying(10) |           |          |

SELECT * FROM tab_3 UNION SELECT * FROM tab_4;
ERROR:  UNION types text and numeric cannot be matched
LINE 1: SELECT * FROM tab_3 UNION SELECT * FROM tab_4;
```

テーブルtab_3のカラムidとテーブルtab_4のカラムcountryidのデータ型に互換性がないのでエラーになります。

40. B

➡ P78

集合演算に関する問題です。
EXCEPTおよびINTERSECTの構文は以下のとおりです。

構文 [ ]は省略可能

```
クエリー1 EXCEPT [ALL] クエリー2
クエリー1 INTERSECT クエリー2
```

2つ以上のSELECTの結果より共通部分を返す場合は**INTERSECT**を使います。また、最初のSELECTの結果から2番目のSELECTの結果を除く場合は**EXCEPT**を使います。つまり、各SQLの取り出し範囲は次ページの図のようになります。

※次ページに続く

【INTERSECTで取り出す範囲】

```
SELECT * FROM tab_1 INTERSECT SELECT * FROM tab_2;
```

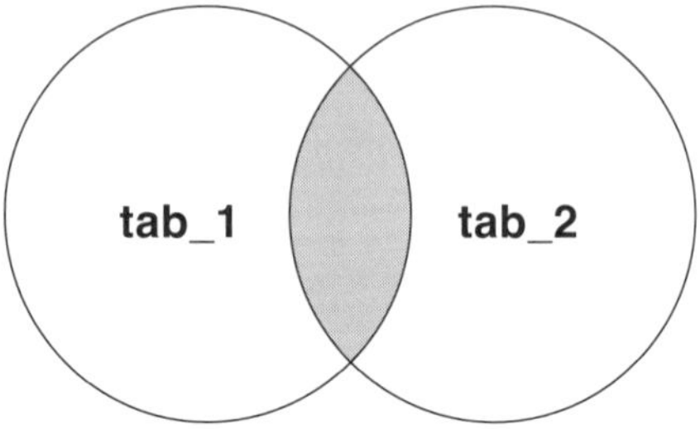

【EXCEPTで取り出す範囲】

```
SELECT * FROM tab_1 EXCEPT SELECT * FROM tab_2;
```

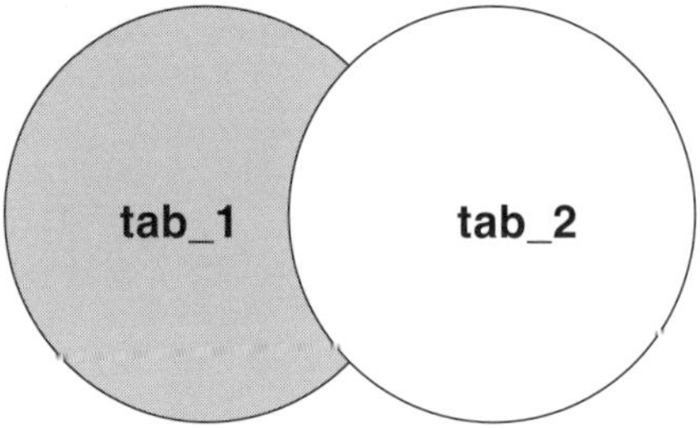

設問では「テーブルtab_1からテーブルtab_2にあるデータを除いた結果を返したい」ので、EXCEPTを使用します。したがって、**B**が正解です。
選択肢A、DのようなSQL文はPostgreSQLでは使用しません。

41. B

➡ P79

カーソルの宣言に関する問題です。
カーソルを使用すると、SELECT文の結果集合の先頭から移動し、必要な部分のみ取り出したり、取り出した行の更新や削除をしたりできます。カーソル宣言の構文は以下のとおりです。

構文 [ ]は省略可能。{ }は選択

```
DECLARE カーソル名 [SCROLL] CURSOR [{WITH | WITHOUT} HOLD]
FOR クエリー
```

【カーソル宣言の主なオプション】

オプション	意味
SCROLL	順方向／逆方向の両方にアクセスを行う
NO SCROLL	順方向のみ行う。逆方向のデータを取得するとエラー
WITH HOLD	トランザクションが正常終了したあともカーソルを維持する
WITHOUT HOLD	トランザクションの終了後、カーソルは使用できない（デフォルト）
FOR UPDATE	更新／削除を可能にする
FOR READ ONLY	データの取得のみ（デフォルト）
INSENSITIVE	カーソルがテーブルの更新の影響を受けないことを示す

設問ではカーソルは「順方向／逆方向にアクセスでき」（SCROLL）で、「トランザクション終了後も有効」（WITH HOLD）にするとなっています。したがって、**B**が正解です。

42. C

➡ P79

カーソルのフェッチに関する問題です。
FETCHによりカーソルからデータを取得します。構文は以下のとおりです。

構文 ［ ］は省略可能

```
FETCH ［オプション ［FROM | IN］］ カーソル名
```

オプションにはカーソル名と「アクセスする方向」および「取得する行数」を指定します（次の表を参照）。

【FETCHの主なオプション】

オプション	意味
FORWARD/NEXT	次の行を取り出す
BACKWARD/PRIOR	前の行を取り出す
ALL/FORWARD ALL	次の全行を取り出す
FORWARD count	次のcount行を取り出す
BACKWARD count	前のcount行を取り出す

MOVEコマンドはデータを取り出さないだけで、動作はFETCHと同じです。
設問では、DECLARE文でカーソルcを定義し、MOVE文でカーソルを先頭から2行移動します。その結果、idが2の「suika」にカーソルがあります。
さらにFETCHコマンドで次以降の全行を取り出すので、「ichigo」が返されます。
したがって、**C**が正解です。

43. B ➡ P80

カーソルのクローズに関する問題です。
DECLAREで作成しFETCHで使ったカーソルを閉じ、使用しているリソースを解放します（A）。

構文 { }は選択

```
CLOSE {カーソル名 | ALL}
```

上記のとおり、カーソルのクローズは「CLOSE カーソル名;」という構文で行います（D）。デフォルトのWITHOUT HOLDカーソルの場合はトランザクション終了時に自動的にカーソルがクローズされるので（C、E）、**CLOSE**文を使う必要はありません。適切でないものを選ぶ問題なので、**B**が正解です。

44. B ➡ P80

DISTINCT ON句に関する問題です。
「SELECT DISTINCT ON(列名, ...) ...;」とSELECT文を実行すると、ONで指定した列を基準に重複行を取り除いた検索結果が返されます。
設問のSELECT文は、テーブルbooksの全列を表示していますが、DISTINCT ON(author)でauthor列を基準に重複行を取り除いています。author列に着目すると「夏目漱石」という値が重複しています。author列に「夏目漱石」という値が格納されているデータ行は1行しか表示されません。したがって、返ってくる行数は2行です（**B**）。

なお、**DISTINCT ON**句はPostgreSQL独自の実装で、標準SQLではありません。標準SQLには**DISTINCT**句があります。DISTINCT句は検索結果から重複行を取り除くだけで、DISTINCT ON句のように重複行の基準列を指定することができません。
また、DISTINCT ON句もDISTINCT句も、どの重複行が取り除かれるかは予測できません。PostgreSQLの計算過程で最初に見つけた行が保持されます。ORDER BY句と併用して、最初に見つかる行を制御しない限り、得られる結果は不定となるので注意が必要です。

> **試験対策**
> DISTINCT（標準SQL）と DISTINCT ON（PostgreSQL 独自実装）の違いを理解しておきましょう。
> どちらも取り除かれる重複行は不定です。一貫した結果を得たい場合は、必ずORDER BY句とセットで使いましょう。

45. B、C ➡ P81

テーブルスペースに関する問題です。
テーブルスペースとは、データベースオブジェクトを格納するファイルシステム上のディレクトリパスです。デフォルトのテーブルスペースはデータベースクラスタ内です。以下の**CREATE TABLESPACE**文を使うと、異なるストレージの、異なるファイルシステム上に新しいテーブルスペースを作成できます。

構文

```
CREATE TABLESPACE テーブルスペース名 LOCATION 'ディレクトリパス'
```

CREATE TABLESPACE文を実行できるのはスーパーユーザー権限を持ったデータベースユーザーだけです。それ以外のデータベースユーザーは実行できません（A）。また、テーブルスペース自体の作成ではなく、テーブルスペース内へのデータベースオブジェクト作成は、適切な権限を持っていれば一般データベースユーザーでも作成可能です。スーパーユーザー権限に限定されることはありません（E）。

新規作成したテーブルスペースの主な用途は2つあります。1つは、PostgreSQLが利用するストレージサイズの拡張（**B**）です。データベースクラスタを格納しているストレージの容量が不足し、なおかつ拡張が不可能な場合、ストレージを新たに追加して新しいテーブルスペースを作成し、そのテーブルスペースを利用することで、容量不足を回避できます。
もう1つはデータアクセスの用途とストレージ特性の調整（**C**）です。たとえば、速度が求められるテーブルを高価なSSDに格納したり、逆に、ほとんどアクセスされない保存用データを安価なHDDに格納したりできます。たとえデータベースクラスタ外にテーブルスペースを作成して配置したとしても、そのデータはデータベースクラスタと不可分なので、独立したバックアップデータとして使うことはできません（D）。

テーブルスペースを新規作成する際の注意点は、データベースクラスタ内に作ってはいけない、ということです。PostgreSQLはデータベースクラスタ内にテーブルスペースを新規作成することに制限を課していませんが、作成してはいけません。その理由は、テーブルスペースの意義からすると意味がないということと、オンラインバックアップコマンドとしてよく使われるpg_basebackupコマンドが失敗してしまうからです。

> **試験対策**
> テーブルスペースの用途を理解しておきましょう。
> 新規作成するテーブルスペースは、データベースクラスタとは別のストレージにデータベースオブジェクトを格納するために使われます。

46. B、D ➜ P81

マテリアライズドビューに関する問題です。
マテリアライズドビューを作成する構文は以下のとおりです（A）。

構文

```
CREATE MATERIALIZED VIEW マテリアライズドビュー名 AS SELECT文;
```

マテリアライズドビューとは仮想的なテーブルで、マテリアライズドビュー定義時のSELECTの結果をテーブルのように扱えるデータベースオブジェクトです。マテリアライズドビューのほかに、ビューと呼ばれるデータベースオブジェクトもSELECTの結果を仮想的なテーブルとして扱えますが、マテリアライズドビューはデータの参照しかできません（**B**）。一方、ビューは定義時のSELECTの内容によっては、参照に加えてデータの追加、削除、更新ができます。

マテリアライズドビューは、定義時のSELECTの結果を実体として持っています（C）。マテリアライズドビューの定義後に、マテリアライズドビューで参照されているテーブルにデータ変更が発生すると、両者でデータの乖離が発生します。自動的に反映されることはありません（**D**）。データの乖離を解消するには、以下のコマンドでマテリアライズドビューを再構築します。一方、ビューは実体を持ちません。ビューへのアクセスはその都度、定義されたSELECTの内容が実行されます。

構文

```
REFRESH MATERIALIZED VIEW マテリアライズドビュー名;
```

一般に、マテリアライズドビューへのアクセスは、マテリアライズドビュー定義時のSELECTを実行する場合や、SELECTの内容が同一のビューにアクセスする場合よりも高速に動作します（E）。これは上述のとおり、マテリアライズドビューは定義時のSELECTの結果を実体として持っているためです。マテリアライズドビューは、必ずしも最新のデータを含む必要がない、複雑で時間のかかるデータ参照を高速化したい場合に有効となり得るデータベースオブジェクトです。

> **試験対策**
> マテリアライズドビューと通常のビューの違いを理解しておきましょう。ビューは複雑なSELECT文の置き換えです。マテリアライズドビューは複雑なSELECT文の結果をキャッシュテーブルとして実在させており、データ同期処理が必要となる場合があります。

47. C、E

➡ P82

テーブルパーティショニングに関する問題です。
行数が多い巨大なテーブルをいくつかの小さいテーブルに分割することを**テーブルパーティショニング**と呼びます（A）。このとき、分割された小さいテーブルを**パーティション**と呼び、パーティションの集合である親テーブルを**パーティションテーブル**と呼びます（B）。パーティションテーブルを作成する構文は以下のとおりです。

構文 [　]は省略可能

```
CREATE TABLE パーティションテーブル名（カラム名 カラムのデータ型
[, ... ]）PARTITION BY RANGE（分割基準に使うカラム）;
```

設問ではパーティションテーブルを作成しており、パーティションは作成していません。**PARTITION BY**句にはRANGE、LIST、HASHのいずれか1つのパーティション形式を指定できます。設問の**RANGE**は、分割基準に使うカラムに格納される値や期間の範囲に応じてパーティション分割を行います（D）。**LIST**は、分割基準に使うカラムに格納される値の種類に応じてパーティション分割を行います。**HASH**は、分割基準に使うカラムに格納される値のハッシュ値を用いてパーティション分割を行います。

PostgreSQL 9.6以前は、トリガ関数、制約、テーブル継承といった既存機能の組み合わせで、テーブルパーティショニングと同等の振る舞いを実現していました。しかし、試験対象バージョンであるPostgreSQL 10以降は、テーブルパーティショニング機能が正式にサポートされ、実装に組み込まれています（**C**）。また、パーティションテーブル作成時に、分割されるテーブルは自動的に作成されません（**E**）。別途、パーティションを作成する必要があります。適切でないものを選ぶ問題なので、**C**と**E**が正解です。

試験対策　パーティションテーブルの作成方法と分割方法を理解しておきましょう。

48. C → P83

テーブルパーティショニングに関する問題です。
パーティションを作成する構文は以下のとおりです。パーティション形式によって構文が異なります。

構文

```
CREATE TABLE パーティション名 PARTITION OF パーティションテーブル名 FOR VAULES FROM (下限値) TO (上限値);
…… RANGEパーティションの場合

CREATE TABLE パーティション名 PARTITION OF パーティションテーブル名 FOR VAULES IN (分類値);
…… LISTパーティションの場合

CREATE TABLE パーティション名 PARTITION OF パーティションテーブル名 FOR VAULES WITH (MODULES 分割したい数の除数, REMAINDER 分割したい数の剰余);
…… HASHパーティションの場合
```

設問で作成されているパーティションテーブルはRANGEパーティションなので、選択肢DとEは誤りです。2019年のデータは2019年1月1日から2019年12月31日までとなりますが、RANGEパーティションの**FROM**は境界値を含み、**TO**は境界値を含みません。よって、**C**が正解です。

> **試験対策**
> 範囲パーティショニングのパーティション範囲の境界に注意しましょう。FROMは境界値を含みますが、TOは境界値を含みません。

第5章

トランザクション

- トランザクションの特性
- トランザクション操作のSQL
- トランザクション分離レベル
- 行ロック、テーブルロック
- LOCK文

□ **1.** **トランザクションの原子性に関する説明として適切なものを選びなさい。**

A. トランザクションによる状態変化は、すべてが起きるか、何も起こらないかのどちらかである
B. トランザクション内の操作は正しく状態を遷移させる
C. 複数のトランザクションが同時実行されても順次実行されたかのように見える
D. 一度トランザクションが完了すると、状態に対して行った変更は持続する

➡ P121

□ **2.** **以下のSQL文を実行した。その後、他のセッションから「SELECT * FROM cities;」を実行したときの結果として適切なものを選びなさい。**

```
CREATE TABLE cities (id INTEGER PRIMARY KEY, name TEXT);
BEGIN;
INSERT INTO cities VALUES (1, 'Tokyo');
UPDATE cities SET name = 'Paris' WHERE id = 1;
```

A. 1, Tokyo
B. 1, Paris
C. null, null
D. 空
E. ERROR: relation "cities" does not exist

➡ P121

□ **3.** 以下のSQL文を実行した。最後のSELECT文の結果として適切なものを選びなさい。

```
CREATE TABLE cities (id INTEGER PRIMARY KEY, name TEXT);
BEGIN;
INSERT INTO cities VALUES (1, 'Tokyo');
ROLLBACK;
INSERT INTO cities VALUES (2, 'Paris');
SELECT * FROM cities;
```

A. 1, Tokyo
   2, Paris
B. 1, Tokyo
C. 2, Paris
D. 空
E. ERROR: relation "cities" does not exist

➡ P122

□ **4.** 以下のSQL文を実行した。最後のSELECT文の結果として適切なものを選びなさい。

```
CREATE TABLE cities (id INTEGER PRIMARY KEY, name TEXT);
BEGIN;
INSERT INTO cities VALUES (1, 'Tokyo');
INSERT INTO cities VALUES (1, 'Paris');
ERROR:  duplicate key value violates unique constraint
"cities_pkey"
DETAIL:  Key (id)=(1) already exists.
SELECT * FROM cities;
```

A. 1, Tokyo
B. 1, Paris
C. 空
D. ERROR: duplicate key value violates unique constraint "cities_pkey"
E. ERROR: current transaction is aborted, commands ignored until end of transaction block

➡ P122

□ **5.** 以下のSQL文を実行した。最後のSELECT文の結果として適切なものを選びなさい。

```
BEGIN;
CREATE TABLE foo (id INTEGER,data TEXT);
INSERT INTO foo VALUES(1,'A');
SAVEPOINT a;
UPDATE foo SET data='B' WHERE id=1;
SAVEPOINT b;
UPDATE foo SET data='C' WHERE id=1;
SAVEPOINT c;
UPDATE foo SET data='D' WHERE id=1;
ROLLBACK TO C;
SELECT data FROM foo WHERE id=1;
```

A. A
B. B
C. C
D. NULL

➡ P122

□ **6.** 以下のSQL文を実行した。最後のSELECT文の結果として適切なものを選びなさい。

```
CREATE TABLE cities (id INTEGER PRIMARY KEY, name TEXT);
BEGIN;
INSERT INTO cities VALUES (1, 'Tokyo');
SAVEPOINT sp;
INSERT INTO cities VALUES (1, 'Paris');
ERROR:  duplicate key value violates unique constraint
"cities_pkey"
DETAIL:  Key (id)=(1) already exists.
ROLLBACK TO sp;
SELECT * FROM cities;
```

A. 1, Tokyo
B. 1, Paris
C. 1, Tokyo
   1, Paris

D. 空

E. ERROR: current transaction is aborted, commands ignored until end of transaction block

➡ P123

☐ **7.** **以下のSQL文を実行した。最後のSELECT文の結果として適切なものを選びなさい。ただし、dummyテーブルは存在していないものとする。**

```
BEGIN;
CREATE TABLE foo(id INTEGER,data TEXT);
INSERT INTO foo VALUES(1,'A');
INSERT INTO dummy VALUES(3,'C');
SELECT COUNT(*) FROM foo;
```

A. 1

B. 0

C. ERROR: relation "foo" does not exist

D. ERROR: current transaction is aborted, commands ignored until end of transaction block

➡ P123

☐ **8.** **トランザクション操作を行うSQLコマンドでないものを選びなさい。**

A. CANCEL

B. ABORT

C. START TRANSACTION

D. END

E. COMMIT

➡ P123

☐ **9.** **他のトランザクションのまだコミットされていないデータを読み取ってしまう現象を表す用語として適切なものを選びなさい。**

A. 反復不能読み取り

B. ロールバック

C. ファントムリード

D. ダーティリード

➡ P124

10. 以下のSQL文を実行した。このときに起きている現象を表す用語として適切なものを選びなさい。

```
1: BEGIN;
2: SELECT * FROM cities;
   id | name
  ----+-------
    1 | Tokyo
3: SELECT * FROM cities;
   id | name
  ----+-------
    1 | Paris
4: COMMIT;
```

A. 反復不能読み取り
B. デッドロック
C. ファントムリード
D. ダーティリード

➡ P125

11. 以下の動作になるトランザクション分離レベルを選びなさい。

・ ダーティリード：なし
・ 反復不能読み取り：あり
・ ファントムリード：あり

A. READ UNCOMMITTED
B. READ COMMITTED
C. REPEATABLE READ
D. SERIALIZABLE

➡ P125

12. PostgreSQLで発生しない現象を選びなさい。

A. ファントムリード
B. デッドロック
C. 反復不能読み取り
D. ダーティリード

➡ P125

13. トランザクション分離レベルをシリアライザブルに変更するSQL文として適切なものを選びなさい。

A. SET TRANSACTION ISOLATION TO SERIALIZABLE;
B. SET TRANSACTION ISOLATION TO SERIALIZABLE LEVEL;
C. SET TRANSACTION ISOLATION LEVEL TO SERIALIZABLE;
D. SET TRANSACTION ISOLATION SERIALIZABLE LEVEL;
E. SET TRANSACTION ISOLATION LEVEL SERIALIZABLE;

➡ P126

14. 以下のSQL文を実行した。このときのトランザクションの状態として適切なものを選びなさい。

```
1: BEGIN;
2: SELECT * FROM cities;
   id | name
  ----+-------
    1 | Tokyo
3: SET TRANSACTION ISOLATION LEVEL SERIALIZABLE;
```

A. エラーが発生してトランザクションが中断する
B. トランザクション分離レベルが、SERIALIZABLEレベルに切り替わる
C. トランザクションがコミットされて新しくSERIALIZABLEレベルのトランザクションが開始される
D. トランザクションがロールバックされて新しくSERIALIZABLEレベルのトランザクションが開始される
E. トランザクション分離レベルは変更されずに無視される

➡ P126

15. PostgreSQLのロックの種類として適切なものを2つ選びなさい。

A. 行ロック
B. テーブルロック
C. スキーマロック
D. データベースロック
E. データベースクラスタロック

➡ P126

□ **16**. 以下のSQL文を実行した。その後、他のセッションから「UPDATE cities SET name = 'Chicago' WHERE id = 1;」を実行したときの動作として適切なものを選びなさい。

```
1: BEGIN;
2: UPDATE cities SET name = 'Paris' WHERE id = 1;
```

A.　エラーが発生する
B.　片方のUPDATE文が無視される
C.　正常に更新処理が完了する
D.　ロック待ち状態になる

➡ P127

□ **17**. 以下のSQL文を実行した。その状態で他のセッションから実行したときに、ロック待ちにならないSQL文を選びなさい。

```
1: BEGIN;
2: SELECT * FROM cities WHERE id = 1 FOR UPDATE;
   id | name
  ----+-------
    1 | Tokyo
```

A.　`UPDATE cities SET name = 'Paris' WHERE id = 1;`
B.　`DELETE FROM cities WHERE id = 1;`
C.　`SELECT * FROM cities;`
D.　`SELECT * FROM cities WHERE id = 1 FOR UPDATE;`
E.　`TRUNCATE cities;`

➡ P127

□ **18**. UPDATE、DELETE、INSERTコマンドで獲得されるテーブルロックのモードとして適切なものを選びなさい。

A.　ACCESS SHARE
B.　ROW SHARE
C.　ROW EXCLUSIVE
D.　SHARE ROW EXCLUSIVE
E.　ACCESS EXCLUSIVE

➡ P127

☐ **19**. **SHARE ROW EXCLUSIVEモードのテーブルロックと競合しないモードを2つ選びなさい。**

A. ACCESS EXCLUSIVE
B. SHARE
C. ROW EXCLUSIVE
D. ROW SHARE
E. ACCESS SHARE

➡ P128

☐ **20**. **デフォルト設定のPostgreSQLで、トランザクションAとトランザクションBが以下のとおり同時に実行されている。このときに起こる現象に関する説明として適切なものを選びなさい。**

```
トランザクションA： BEGIN;
トランザクションB： BEGIN;
トランザクションA： SELECT * FROM cities WHERE id = 1 FOR UPDATE;
トランザクションB： SELECT * FROM cities WHERE id = 2 FOR UPDATE;
トランザクションA： SELECT * FROM cities WHERE id = 2 FOR UPDATE;
トランザクションB： SELECT * FROM cities WHERE id = 1 FOR UPDATE;
```

A. トランザクションAだけが永遠にロック待ち状態になる
B. トランザクションBだけが永遠にロック待ち状態になる
C. トランザクションAとトランザクションBが永遠にロック待ち状態になる
D. 「deadlock detected」エラーが発生する
E. ロック待ちは発生しない

➡ P129

☐ **21**. **ロックモードの指定を省略してLOCKコマンドを実行した場合のデフォルトのロックモードを選びなさい。**

A. ROW SHARE
B. ACCESS SHARE
C. ROW EXCLUSIVE
D. SHARE ROW EXCLUSIVE
E. ACCESS EXCLUSIVE

➡ P130

□ **22.** 以下のSQL文を実行した。その後、他のトランザクションから「LOCK TABLE cities IN SHARE ROW EXCLUSIVE MODE NOWAIT;」を実行したときの動作として適切なものを選びなさい。

```
1: BEGIN;
2: UPDATE cities SET name = 'Paris' WHERE id = 1;
```

A. エラーが発生する
B. citiesテーブルに対してロックがかかる
C. デッドロックが発生する
D. ロック待ち状態になる

➡ P130

第5章　トランザクション
解　答

1.　A ➡P112

トランザクションの定義に関する問題です。
トランザクションとは、一般的にユーザー側から見たひとまとまりの処理の単位を意味し、ACID特性を持つものとして定義されています。**ACID**とは、以下の特性の頭文字です。

【ACID特性】

特性	説明
Atomicity（原子性）	トランザクションによる状態変化は、すべてが起きるか、何も起こらないかのどちらかである
Consistency（一貫性）	トランザクション内の操作は正しく状態を遷移させる
Isolation（分離性）	複数のトランザクションが同時実行されても順次実行されたかのように見える
Durability（持続性）	一度トランザクションが完了すると、状態に対して行った変更は持続する

以上より、**A**が正解です。

試験対策　ACID特性のそれぞれのスペルも覚えておきましょう。

2.　D ➡P112

トランザクションの分離性に関する問題です。
トランザクション外で実行されたCREATE TABLE文は、実行直後に処理が確定し、テーブルが作成されます。
その後、BEGINコマンドでトランザクションが開始されますが、COMMITコマンドは実行されていません。そのため、トランザクション内で実行されたINSERT文とUPDATE文は処理が確定していません。
この状態で、他のセッションからcitiesテーブルを参照するとCREATE TABLE文を実行した直後の状態が見えます。したがって、**D**が正解です。

COMMITコマンドは、現在のトランザクションをコミットします。そのトランザクションで行われたすべての変更は他のユーザーから参照できるようになり、クラッシュが起きても一貫性が保証されます。

3. C ➡ P113

トランザクションの原子性に関する問題です。
BEGINコマンドでトランザクションを開始し、INSERT文とROLLBACKコマンドを実行しています。
ROLLBACKコマンドを実行すると、トランザクション内で行われた今までの操作は取り消されます。そのため、「1, Tokyo」というデータの挿入は取り消され、そのあとのINSERT文で「2, Paris」というデータが挿入されます。したがって、**C**が正解です。

4. E ➡ P113

トランザクションの原子性に関する問題です。
トランザクション内の処理でエラーが発生すると、それ以降の処理は正常に終了するものであってもエラーが発生するようになります。これは、トランザクションによる状態変化は、「すべて起こるか、何も起こらないかのいずれかである」という**原子性**に従った動作です。
INSERT文で主キー制約違反によりエラーが発生すると、トランザクション内の今までの処理は、自動的にロールバック（アボート）されて取り消されます。そして、次のSELECT文が正しくても「current transaction is aborted, ...」というエラーが発生します。したがって、**E**が正解です。

5. C ➡ P114

セーブポイントに関する問題です。
PostgreSQLではトランザクションを扱うことができますが、この途中でエラーが発生した場合、トランザクション全体が取り消されてしまいます。**セーブポイント**を設定することでその途中だけを取り消すことができるようになります。セーブポイント設定の構文は以下のとおりです。

構文

```
SAVEPOINT セーブポイント名;
```

また、トランザクション中にセーブポイントを破棄することもできます。構文は以下のとおりです。

構文 [ ]は省略可能

```
RELEASE [SAVEPOINT] セーブポイント名;
```

設問の場合、a、b、cという3つのセーブポイントを作成し、cにロールバックしています。これによって、cが作成される前の状態にデータが戻ります。直前のUPDATE文でカラムdataに登録されたのは「C」です。したがって、**C**が正解です。

6. A ➡ P114

SAVEPOINT文に関する問題です。
トランザクション内の処理でエラーが発生した場合や**ROLLBACK**コマンドを実行した場合は、トランザクション内で行われたそれ以前の処理が取り消されます。
しかし、**SAVEPOINT**コマンドを使うとトランザクションの一部分のみを取り消すことができます。

その方法は、まず、SAVEPOINTコマンドで名前を付けてセーブポイントを設定します。その後は、ROLLBACKコマンドでセーブポイント名を指定してロールバックすることで、設定した任意のセーブポイントまでの処理を取り消すことができます。セーブポイントは、トランザクション内で複数設定することができます。

設問では、INSERT文でデータを挿入してからセーブポイントを指定し、次のINSERT文でエラーが発生したあとに、ROLLBACKコマンドを実行してエラーが発生した処理を取り消しています。
そのため、最後のSELECT文は正常に実行されます。したがって、**A**が正解です。

7. D ➡ P115

トランザクションブロック中にエラーが発生した場合の挙動を問う問題です。

PostgreSQLではトランザクションブロック中にエラーが発生した場合、そのブロック内では以後、SELECTなどのSQLコマンドはすべてエラーとなります（解答4を参照）。この状態を抜け出すには**ABORT**や**ROLLBACK**のほか、**END**、**COMMIT**でトランザクションを終了する必要があります。ただし、いずれのコマンドを発行してもトランザクションはロールバックされます。
したがって、**D**が正解です。

8. A ➡ P115

SQLのDCLに関する問題です。
トランザクション操作に関するSQLコマンドは次ページの表のとおりです。

※次ページに続く

【トランザクション操作に関するSQLコマンド】

操作	SQLコマンド
開始	START TRANSACTION BEGIN
終了	COMMIT END
取り消し	ROLLBACK ABORT
セーブポイント	SAVEPOINT

CANCELというSQLコマンドは存在しません。したがって、**A**が正解です。

試験対策

トランザクション開始から終了までの基本的な動作を理解しておきましょう。

・BEGINコマンドでトランザクションを開始する
・COMMITコマンドでトランザクションを正常終了する
・ROLLBACKコマンドでそのトランザクション内で行われた操作を破棄する
・トランザクション中にSQLエラーが発生した場合、以降の操作はすべてエラーとなり、ロールバックしかできなくなる
・トランザクション中にSAVEPOINTコマンドでセーブポイントを設定しておくと、指定のセーブポイントまでロールバックできる

9. D

➔ P115

トランザクションの分離性に関する問題です。
SQL標準では、同時に実行されるトランザクション間で起こりうる望ましくない現象が3つ定義されています。それらの現象は以下のとおりです。

【トランザクション間で起こりうる現象】

現象	説明
ダーティリード	他のトランザクションが更新してまだコミットしていないデータを読み込んでしまう
反復不能読み取り（ノンリピータブルリード、ファジーリード）	トランザクション内で以前読み込んだデータを再度読み込んだときに、他のトランザクションでコミットされた更新内容が影響し、以前と異なる結果を得てしまう
ファントムリード	トランザクション内で以前読み込んだデータを再度読み込んだときに、他のトランザクションでコミットされた更新内容が影響し、以前存在しなかったデータを結果として得てしまう

以上より、**D**が正解です。

10. A ➡ P116

トランザクションの分離性に関する問題です。
トランザクション内で、以前読み込んだデータを再度読み込んだときに、以前と異なる結果を得ています。これは、**反復不能読み取り**の現象です。したがって、**A**が正解です。
反復不能読み取りと**ファントムリード**は似た現象ですが、前者は他のトランザクションによって行われた更新や削除が影響するのに対し、後者は挿入が影響して以前存在しなかったデータが出現するのが特徴です。

11. B ➡ P116

トランザクション分離レベルに関する問題です。
SQL標準では、発生してはならない現象に基づき**トランザクションの分離レベル**を以下のように定義しています。

【SQL標準のトランザクション分離レベル】

分離レベル	ダーティリード	反復不能読み取り	ファントムリード
READ UNCOMMITTED	あり	あり	あり
READ COMMITTED	なし	あり	あり
REPEATABLE READ	なし	なし	あり
SERIALIZABLE	なし	なし	なし

以上より、**B**が正解です。
ただし、PostgreSQLはREAD UNCOMMITTEDでもダーティリードは発生しません。また、トランザクション分離レベルをREPEATABLE READにすると、ファントムリードも発生しません。

試験対策

4つのトランザクション分離レベルと、それぞれのレベルで3つの望ましくない現象のどれが防げるのかを理解しておきましょう。

12. D ➡ P116

トランザクションの分離性に関する問題です。
PostgreSQLでは、トランザクション分離レベルをたとえ**READ UNCOMMITTED**に設定したとしても、コミットされていないデータを読んでしまう**ダーティリード**は発生しません。したがって、**D**が正解です。

SQL標準で定められた分離レベル（解答11の表【SQL標準のトランザクション分離レベル】を参照）のREAD UNCOMMITTEDは、ダーティリードが発生することになっていますが、必ずしも発生しなければならないということはありません。その意味では、PostgreSQLのREAD UNCOMMITTEDは、SQL標準よりも厳密な分離性を持つといえます。

13. E ➡P117

SET TRANSACTIONコマンドに関する問題です。
分離レベルを変更するための**SET TRANSACTION**コマンドの構文は、以下のとおりです。

構文 ｛　｝は選択

```
SET TRANSACTION ISOLATION LEVEL {SERIALIZABLE |
REPEATABLE READ | READ COMMITTED | READ UNCOMMITTED};
```

したがって、**E**が正解です。

14. A ➡P117

SET TRANSACTIONコマンドに関する問題です。
SET TRANSACTIONコマンドは、現在のトランザクションの動作モードを設定するため、BEGINコマンドの直後に実行する必要があります。
BEGINコマンドの直後に実行しないと、以下のようなエラーが発生してトランザクションが中断されます。

例 SET TRANSACTIONコマンドに対するエラー

```
ERROR:  SET TRANSACTION ISOLATION LEVEL must be called before
any query
```

したがって、**A**が正解です。

15. A、B ➡P117

ロックに関する問題です。
ロックとは、一般的に同時実行する手続きに対して何らかの対象へのアクセスを排他的に制御する仕組みです。
PostgreSQLには、テーブルと行に対して排他制御を行うための**テーブルロック**と**行ロック**があります。その他の選択肢のロックは存在しません。したがって、**A**と**B**が正解です。

16.　D

➡ P118

行ロックに関する問題です。
UPDATE文を実行すると、更新対象となっている行に対して暗黙的に行ロックがかかります。
トランザクション内でUPDATE文を実行した場合、コミットもしくはロールバックが行われるまで行ロックは持続します。そのため、同一行を対象としたUPDATE文を他のセッションから実行した場合、ロックを獲得しているトランザクションが終了するまで待たされます。したがって、**D**が正解です。

17.　C

➡ P118

SELECT文のFOR UPDATE句に関する問題です。
SELECT文で**FOR UPDATE**句を指定すると、選択された行に対して行ロックがかかります。

行ロックは、同じ行に対する更新や削除のほかに、行ロックの獲得をブロックします。そのため、UPDATE文、DELETE文、TRUNCATE文を実行するとロックが競合してロック待ち状態になります（A、B、E）。

また、FOR UPDATE句を指定したSELECT文も行ロックを獲得しようとするため、ロックが競合してロック待ち状態になります（D）。
以上より、**C**が正解です。

行ロックはFOR UPDATE句に加えて、FOR SHARE句があります。**FOR SHARE**句も更新、削除と競合しますが、他のトランザクションのFOR SHAREは許します。

18.　C

➡ P118

テーブルロックのモードに関する問題です。
テーブルロックには、以下の表に示すモードがあります。

表の下にあるモードほど強いロックがかかります。**強いロック**とは、より多くのモードと競合することを意味します。
また、各種SQLコマンドは暗黙的にテーブルロックを獲得します。その対応関係は次ページの表のとおりです。

※次ページに続く

【ロックモード】

ロックモード	説明
ACCESS SHARE	SELECTが行われたときに自動発行される
ROW SHARE	SELECT FOR UPDATE、SELECT FOR SHAREが行われたときに自動発行される
ROW EXCLUSIVE	UPDATE、DELETE、INSERTが行われたときに自動発行される
SHARE UPDATE EXCLUSIVE	VACUUM（FULLなし）、ANALYZE、CREATE INDEX CONCURRENTLY、CREATE STATISTICS、ALTER TABLE（副構文による）が行われたときに自動発行される
SHARE	CREATE INDEX（CONCURRENTLYなし）が行われたときに自動発行される
SHARE ROW EXCLUSIVE	CREATE COLLATION、CREATE TRIGGER、ALTER TABLE（副構文による）が行われたときに自動発行される
EXCLUSIVE	REFRESH MATERIALIZED VIEW CONCURRENTLYが行われたときに自動発行される
ACCESS EXCLUSIVE	DROP TABLE、TRUNCATE、REINDEX、CLUSTER、VACUUM FULL、REFRESH MATERIALIZED VIEW（CONCURRENTLYなし）、ALTER TABLE（副構文による）が行われたときに自動発行される

UPDATE、DELETE、INSERTコマンドは、暗黙的にROW EXCLUSIVEモードのテーブルロックを獲得します。したがって、**C**が正解です。

なお、明示的にテーブルロックを獲得するには**LOCK**コマンドを使用します。LOCKコマンドの基本的な構文は以下のとおりです。

構文 [ ]は省略可能

```
LOCK [TABLE] テーブル名 [IN ロックモード MODE] [NOWAIT];
```

通常、ロックが獲得できない場合はロックが開放されるまで待機しますが、**NOWAIT**を指定すると、ロック開放を待たずに即座にエラーを返すことができます。

19. D、E

➡P119

テーブルロックのモードに関する問題です。
各ロックモードの競合状況は次のとおりです。

【ロックモードの競合状況】

	ACCESS SHARE	ROW SHARE	ROW EXCLUSIVE	SHARE UPDATE EXCLUSIVE	SHARE	SHARE ROW EXCLUSIVE	EXCLUSIVE	ACCESS EXCLUSIVE
ACCESS EXCLUSIVE	●	●	●	●	●	●	●	●
EXCLUSIVE		●	●	●	●	●	●	●
SHARE ROW EXCLUSIVE			●	●	●	●	●	●
SHARE			●	●		●	●	●
SHARE UPDATE EXCLUSIVE				●	●	●	●	●
ROW EXCLUSIVE					●	●	●	●
ROW SHARE							●	●
ACCESS SHARE								●

※ ●があるところで競合する

上記の表より、SHARE ROW EXCLUSIVEモードが競合しないモードは、ACCESS SHAREとROW SHAREです。したがって、**D**と**E**が正解です。

ACCESS SHAREモードのロックはSELECT文で獲得され、**ROW SHARE**モードのロックはFOR UPDATE句またはFOR SHARE句を指定したSELECT文で獲得されます。すなわち、**SHARE ROW EXCLUSIVE**モードのロックは参照系のクエリーとは競合しません。そのため、SHARE ROW EXCLUSIVEモードは、一般的に参照のみ許可したいテーブルに対して使用されます。

20. D

➡P119

デッドロックに関する問題です。

最初にトランザクションAは、idが1の行にロックをかけ、トランザクションBはidが2の行にロックをかけます。

次に、トランザクションAはトランザクションBがロックを保持しているidが2の行をロックしようとしてロック待ち状態になり、トランザクションBもトランザクションAがロックを保持しているidが1の行をロックしようとしてロック待ち状態になります。

このように互いのトランザクションがロック待ち状態になり、処理が進まなくなってしまうことを**デッドロック**といいます。

PostgreSQLにはデッドロックを検知する機能があり、デッドロックを検知すると片方のトランザクションで「deadlock detected」エラーを発生させてトランザクションをロールバックし、もう片方のトランザクションの処理を進めます。したがって、**D**が正解です。

デッドロックを検知するタイミングは、deadlock_timeoutパラメータで設定します。deadlock_timeoutパラメータには、デッドロック調査を開始するまでの時間を指定します。デフォルトでは1秒に設定されているため、デッドロックが発生すれば、約1秒後に「deadlock detected」エラーが発生します。

21. E

➡ P119

LOCKコマンドおよびロックモードに関する問題です。
LOCKコマンドでロックモードの指定を省略した場合、すべてのロックモードと競合する最も強いロックモードである**ACCESS EXCLUSIVE**が用いられます。したがって、**E**が正解です。

22. A

➡ P120

LOCKコマンドに関する問題です。
NOWAITオプションを指定して**LOCK**コマンドを実行した場合、ロックが獲得できなければ、待機せずに即座に以下のようなエラーが返ります。

例 LOCKコマンドに対するエラー

```
ERROR:  could not obtain lock on relation "cities"
```

設問では、UPDATE文がROW EXCLUSIVEモードのロックを獲得しているため、LOCK文は、SHARE ROW EXCLUSIVEモードのロックを獲得できず、エラーが発生します。したがって、**A**が正解です。

試験対策

ロックとは、同時に複数のトランザクションが同一のデータベースオブジェクトへアクセスする際に行われる排他制御です。
行ロックとテーブルロックの2種類があります。それぞれのロック獲得方法を押さえておきましょう。また、テーブルロックで選択できるロックレベルも押さえておきましょう。

第6章

関数

- 文字列関数
- 集約関数
- 算術演算子
- ユーザー定義関数
- PL/pgSQL
- psql
- トリガー

☐ **1.** 「Postgre」と「SQL」を結合し、「PostgreSQL」にするSQL文として適切なものを選びなさい。

A. `SELECT 'Postgre' + 'SQL';`
B. `SELECT 'Postgre' & 'SQL';`
C. `SELECT 'Postgre' || 'SQL';`
D. `SELECT strcat('Postgre','SQL');`

➡ P141

☐ **2.** auditlogテーブルのカラムoperation_timeに、部分的に「2020」を含む行を削除するDELETE文として適切なものを2つ選びなさい。

A. `DELETE FROM auditlog WHERE operation_time LIKE '%2020%';`
B. `DELETE FROM auditlog WHERE operation_time IN '2020';`
C. `DELETE auditlog WHERE operation_time ~ '2020';`
D. `DELETE FROM auditlog WHERE operation_time SIMILAR TO '2020';`
E. `DELETE auditlog WHERE contain(operation_time, '2020');`

➡ P141

☐ **3.** salesテーブルには以下のデータが格納されている。

```
 id | value
----+-------
  1 |    20
  1 |    40
  2 |    50
  3 |   100
  3 |    20
```

以下のSQL文の結果として適切なものを選びなさい。

```
SELECT id, sum(value) FROM sales
GROUP BY id HAVING sum(value) > 60;
```

A.　1行
B.　2行
C.　3行
D.　4行
E.　5行

➡ P141

□ **4.** 以下のSQL文の結果として適切なものを選びなさい。

```
SELECT 1+2*3^2;
```

A.　81
B.　37
C.　19
D.　49
E.　56

➡ P142

□ **5.** 関数に関する説明として適切でないものを選びなさい。

A.　プログラミング言語にはSQL、C、PL/pgSQLがデフォルトで使用できる
B.　一連のSQLを実行できる
C.　SELECT文やCOMMIT文など、すべてのSQL文を使用できる
D.　関数の定義はpsqlの¥dfコマンドで表示できる
E.　それぞれの関数は関数名と引数で識別される

➡ P143

□ **6.** ユーザー定義関数を作成する上で、PostgreSQLのビルド時にオプション指定が不要なプログラミング言語を2つ選びなさい。

A.　C
B.　PL/Tcl
C.　PL/Perl
D.　PL/Python
E.　PL/pgSQL

➡ P144

7. 次のSQL文に関する説明として適切でないものを選びなさい。

```
CREATE OR REPLACE FUNCTION checkdigit(text)
RETURNS SETOF TEXT LANGUAGE C STRICT
SECURITY DEFINER AS 'funcs.so';
```

 A. この関数はC言語で記述されている
 B. この関数は関数を呼び出したユーザーの権限で実行される
 C. この関数の処理はfuncs.soで定義されている
 D. この関数の戻り値は複数行を想定している

➡ P144

8. PL/pgSQLに関する説明として適切でないものを選びなさい。

 A. 制御構造を記述できる
 B. 変数に値を保持できる
 C. 関数やトリガーの作成時に使用できる
 D. CREATEによる定義時にコンパイルされ、バイナリデータとして関数を保持する
 E. PostgreSQL 9.0以降では特別に設定せずに使用できる

➡ P145

9. 以下のPL/pgSQLの宣言部分に関する説明として適切でないものを選びなさい。

```
1: DECLARE
2:   user_id INTEGER;
3:   url VARCHAR :='http://';
4:   myrow tab1%ROWTYPE;
5:   myfield tab1.field1%TYPE;
6:   arow RECORD;
...
```

 A. PL/pgSQLの中で使用する変数は、DECLARE部で宣言する
 B. myrowはテーブルtab1の行に対応する行型である
 C. myfieldはテーブルtab1のカラムfield1のデータ型である

D.　宣言される変数は、テーブルに定義可能なデータ型をすべて使用できる
E.　urlは文字列値を持つ定数である

➡ P146

☐ **10.** 次のCREATE FUNCTION文で作成した関数を実行したときの結果として適切なものを選びなさい。

```
CREATE FUNCTION ret_one(INTEGER)
RETURNS TEXT LANGUAGE plpgsql AS $$
DECLARE
  num ALIAS FOR $1; --引数
  ret TEXT := 'OTHER';
BEGIN
  IF num = 1 THEN /* 条件判定 */
    ret := 'ONE';
    return ret;
  ELSE
    return ret;
  END IF;
END;$$
```

A.　コンパイルエラーになる
B.　引数に1を渡すと「ONE」が戻される
C.　引数に1を渡すと「OTHER」が戻される
D.　実行時エラーになる
E.　「ONE」と「OTHER」の2行が戻される

➡ P146

□ 11. 次のCREATE FUNCTION文の説明として適切でないものを選びなさい。

```
CREATE OR REPLACE FUNCTION plus10(INTEGER)
RETURNS INTEGER LANGUAGE plpgsql AS $$
DECLARE
  ret INTEGER;
BEGIN
  ret := $1 + 10;
  return ret;
END; $$
```

A. すでにplus10(INTEGER)が存在している場合、定義した関数に置き換えられる
B. 「SELECT plus10(0.1);」のように、0.1を引数に代入できる
C. 引数で渡されたデータは「$1」に格納される
D. 「SELECT plus10(10);」を実行すると20が返される
E. PL/pgSQLで処理が記述されている

➡ P147

□ 12. 複数のテーブルの追加・更新・削除を一括して行う方法として適切でないものを選びなさい。

A. 「psql -f batch_week.sql mydb」を実行する
B. psqlでログイン後、「¥i batch_week.sql」を実行する
C. 「EXECUTE batch_week();」を実行する
D. 「SELECT batch_week();」を実行する

➡ P147

□ 13. トリガーに関する説明として適切でないものを2つ選びなさい。

A. UPDATEの実行時に、特定の関数を呼び出すことができる
B. INSERTの実行時に、特定の関数を呼び出すことができる
C. SELECTの実行時に、特定の関数を呼び出すことができる
D. トリガーから呼び出される関数はあらかじめ定義されている必要がある
E. トリガー作成時に、適切なルールが自動的に作成される

➡ P148

14. 次のSQL文に関する説明として適切なものを2つ選びなさい。

```
CREATE TRIGGER log_trigger AFTER INSERT ON product FOR
EACH ROW
EXECUTE PROCEDURE insert_log();
```

A. 関数insert_logがINSERT文の実行前に呼び出される
B. テーブルproductへのINSERT文が実行されると、関数insert_logが1回呼び出される
C. 関数insert_logがNULLを戻す場合、INSERT文は実行されない
D. 別のトリガーlog_trigger2も関数insert_logを使用できる
E. トリガーの削除は「DROP TRIGGER log_trigger ON product;」で行う

➡ P149

15. 以下のPL/pgSQL関数で使われているEXECUTE文に関する説明として適切でないものを選びなさい。

```
CREATE OR REPLACE FUNCTION createtable(data INTEGER)
  RETURNS INTEGER AS $$
  DECLARE
  tablename TEXT := 'TAB1';
  c INTEGER := 0;
  BEGIN
  EXECUTE 'CREATE TABLE ' ||tablename|| '(id INTEGER)';
  EXECUTE 'INSERT INTO ' ||tablename|| ' VALUES (777)';
  EXECUTE 'SELECT count(*) FROM ' ||tablename|| '
  WHERE id = $1' INTO c USING data;
  return c;
  END;
  $$
  LANGUAGE plpgsql;
```

A. EXECUTEの前にPREPAREコマンドが記述されていないため、このPL/pgSQL関数はエラーとなる
B. SQLインジェクション対策として入力値をプレースホルダへ代入する実行形式が有効である

※次ページに続く

C. 7行目では、EXECUTE文を使ってTAB1という名前のテーブルを作成している

D. psqlでcreatetable関数を実行すると、9行目のSELECT文の実行結果が画面に表示される

➡ P149

☐ 16. **EXECUTE文の前に実行する必要があるコマンドとして、適切なものを選びなさい。**

A. DECLARE

B. CREATE FUNCTION

C. LOAD

D. PREPARE

E. ALLOCATE

➡ P150

☐ 17. **以下の中から、エラーになるSQL文を選びなさい。**

A. `SELECT current_timestamp;`

B. `SELECT current_database();`

C. `SELECT current_user;`

D. `SELECT current_date;`

E. `SELECT version;`

➡ P150

☐ 18. **INSERT実行後にSELECT文の結果を返す処理を行いたい。以下の下線部にあてはまるキーワードとして適切なものを選びなさい。**

```
CREATE ________ add_t(text) RETURNS SETOF text LANGUAGE sql AS '
  INSERT INTO tab1 VALUES ($1);
  SELECT * FROM tab1;';
```

A. RULE

B. VIEW

C. TRIGGER

D. FUNCTION

E. CONSTRAINT

➡ P150

□ **19.** 無名コードブロックを実行したい。以下の下線部にあてはまるキーワードとして適切なものを選びなさい。

```
_______ $$
DECLARE
  r INTEGER;
BEGIN
  FOR r IN 1..100 LOOP
    INSERT INTO mbook values (r,current_timestamp);
  END LOOP;
END$$;
```

A. EXECUTE
B. START
C. DO
D. OPEN
E. PREPARE

➡ P151

□ **20.** カラムcol1の値がNULLの場合は0を返し、それ以外の場合はカラム値を返すSQL文として適切なものを選びなさい。

A. SELECT COALESCE(col1,NULL) FROM test;
B. SELECT COALESCE(col1,0) FROM test;
C. SELECT COALESCE(0,col1) FROM test;
D. SELECT IF col1 IS NULL THEN 0 END FROM test;
E. SELECT NVL(col1,0) FROM test;

➡ P151

□ **21.** カラムcol1の値が999の場合にNULLを返し、それ以外の場合はカラムの値を返すSQL文として適切なものを選びなさい。

A. SELECT IF col1=999 THEN NULL ELSE col1 END FROM test;
B. SELECT COALESCE(col1,999) FROM test;
C. SELECT CONVERT(col1,999,NULL) FROM test;
D. SELECT CASE WHEN col1=999 THEN col1 ELSE NULL END FROM TEST;
E. SELECT NULLIF(col1,999) FROM test;

➡ P151

22. テーブルSCOREに次のデータが格納されている。

```
 id |     name      | score
----+---------------+-------
  1 | UESUGI        |    78
  2 | TAKEDA        |    81
  3 | ODA           |    95
  4 | TOYOTOMI      |   100
  5 | DATE          |    77
  6 | OOTOMO        |    74
```

以下のSQL文で戻される行数として適切なものを選びなさい。

```
SELECT name,score FROM SCORE
WHERE CASE WHEN score >=90 THEN TRUE ELSE FALSE END;
```

A.　1行
B.　2行
C.　3行
D.　4行
E.　5行

➡ P152

第6章　関数
解　答

1. C　➡ P132

文字列演算子に関する問題です。
文字列を結合するには、「||」を使います。構文は以下のとおりです。

構文

文字列 || 文字列

結合する文字列のうち、少なくとも1つが文字列型であれば、もう一方がINTEGER型などの非文字列型でも結合が可能です。
したがって、**C**が正解です。

2. A、C　➡ P132

文字列のパターンマッチングに関する問題です。
ある文字列を含むデータを検索する場合は、**LIKE**演算子を使います。そのほかに、SQL99の**SIMILAR TO**演算子や正規表現を使用する~演算子も使用できます（**C**）。

設問では、「2020」を“含む”カラムが削除の対象となっています。LIKE演算子は、パーセント記号「**%**」を0文字以上の任意の文字として扱います。たとえば、「2020」（前後に0文字）や「2020年」といった文字列を検索します（**A**）。
また、LIKE演算子はアンダースコア「**_**」を任意の1文字として扱います。
SIMILAR TO演算子を使ってパターンマッチングを行う場合も、LIKE演算子と同様に「%」で囲む必要があります。しかし、~演算子の場合はパターンが文字列の一部であっても一致と判断されます（D）。
したがって、**A**と**C**が正解です。

3. A　➡ P132

集約関数とHAVING句に関する問題です。
集約関数とは、引数に指定した配列やカラムの値を関数に応じた集計処理を行って1つの結果を返す関数です。GROUP BY句と併用すると、GROUP BY句で指定したカラムに格納されている値ごとに集計処理が行われます。
sum関数はデータの和を求め、返します。設問の場合、行をカラムidでグループ化し、カラムvalueの総和を求めています。idが1のカラムの和は20＋40＝

60、idが2は50、idが3は100＋20＝120となり、60より大きい値なのはidが3のカラムのみです。したがって、**A**が正解です。
そのほかに次のような集約関数があります。

【集約関数】

関数	説明
avg	入力値の平均値を戻す
count	入力値の件数を戻す
max	入力値の最大値を戻す
min	入力値の最小値を戻す

試験対策

集約関数とGROUP BY句はセットで理解しておきましょう。
また、HAVING句とWHERE句の違いを理解しておきましょう。
HAVING句は、GROUP BY句によって得られたデータ行をさらに絞り込むときに使います。WHERE句で絞り込まれるのは、GROUP BY句で集計されるデータ行です。

4. C

➡ P133

算術演算子に関する問題です。
PostgreSQLでは、**算術演算子**を利用することができます。
算術演算子には以下のようなものがあります。

【算術演算子】

演算子	意味
+	加算
–	減算
*	乗算
/	除算
%	剰余
^	べき乗

算術演算子の**優先順位**は以下のとおりです。

- 優先順位はべき乗「^」が最も高く、次に乗算「*」と除算「/」、剰余「%」、最後に加算「+」と減算「–」となる
- 同じ優先順位の場合は左から右へ評価される
- カッコで囲むと優先順位を変更できる。たとえば「1+(2*3)^2」という演算は、「2*3」→「6^2」→「1+36」という順序で計算される

設問の計算結果は、「3＾2=9」→「9*2=18」→「18+1=19」となります。したがって、**C**が正解です。

5. C ➡ P133

関数に関する問題です。
PostgreSQLでは、さまざまな言語で関数を定義できます。関数は、一連のSQL文を繰り返し実行するときに使うと便利です（B）。任意のSQL文を実行できますが、BEGIN、COMMIT、ROLLBACK、ENDといったトランザクション制御文を含めることはできません（**C**）。

関数を記述するプログラミング言語としては、デフォルトのインストールでは**SQL**、**C言語**、**PL/pgSQL**を利用できます（A）。

【PostgreSQLで利用可能なプログラミング言語】

プログラミング言語	説明
SQL	デフォルトで使用可能
C	デフォルトで使用可能
PL/pgSQL	デフォルトで使用可能
PL/Tcl	コンパイル時に--with-tclを指定
PL/Perl	コンパイル時に--with-perlを指定
PL/Python	コンパイル時に--with-pythonを指定

PostgreSQLにはじめから用意されている組み込み関数や、ユーザー定義関数はpsqlの**¥df**コマンドで一覧表示できます（D）。

定義した関数は関数名と引数で区別されるので、同名の関数でも引数が異なれば定義可能です（E）。

例 同じ名前を持つ関数

```
CREATE  FUNCTION sample1(INTEGER)
RETURNS INTEGER LANGUAGE plpgsql AS $$
BEGIN
RETURN 1;
END;$$
;
CREATE FUNCTION

CREATE  FUNCTION sample1(INTEGER,INTEGER)
RETURNS INTEGER LANGUAGE plpgsql AS $$
```

例 同じ名前を持つ関数（続き）

```
BEGIN
RETURN 2;
END;$$
;
CREATE FUNCTION
SELECT sample1(1);
sample1
---------
       1
(1 row)

SELECT sample1(1,2);
sample1
---------
       2
(1 row)
```

適切でないものを選ぶ問題なので、**C**が正解です。

6. A、E ➡P133

ユーザー定義関数に関する問題です。

ユーザー定義関数は、選択肢A～Eのすべてのプログラミング言語で作成することができます。

PL/Tcl、**PL/Perl**、**PL/Python**は、それぞれTcl、Perl、Pythonというプログラミング言語を基にした言語です。**PL/pgSQL**は、SQLを基にしたPostgreSQL独自の言語です。

PL/Tcl、PL/Perl、PL/Pythonについては、PostgreSQLのconfigureスクリプトでそれぞれ、**--with-tcl**、**--with-perl**、**--with-python**オプションの指定が必要です（B、C、D）。

さらに、利用したいデータベースにCREATE EXTENSION文で登録作業が必要です。

C言語とPL/pgSQLは、オプションを指定することなく、デフォルトで使用できます。したがって、**A**と**E**が正解です。

7. B ➡P134

CREATE FUNCTIONに関する問題です。ユーザー定義関数の作成は、**CREATE FUNCTION**文で行います。構文は以下のとおりです。

構文 [ ]は省略可能

```
CREATE FUNCTION 関数名([引数]) RETURNS 戻り値
AS 処理内容
LANGUAGE 使用する言語;
```

設問では、次のような関数が作成されています。

- `checkdigit(text)`
  引数のデータ型としてtext型を指定

- `RETURNS SETOF TEXT`
  TEXT型の複数行からなる戻り値を返す（D）

- `LANGUAGE C`
  使用するプログラミング言語はC言語（A）。C言語で処理を記述する場合は、引数にコンパイル済みライブラリファイルの指定が必要（C）

- `SECURITY DEFINER`
  関数を呼び出したユーザーではなく、関数を定義したユーザーの権限で実行する（**B**）

適切でないものを選ぶ問題なので、**B**が正解です。

8. D

➡ P134

PL/pgSQLに関する問題です。
PL/pgSQLは、ユーザー定義関数で使用できる言語の1つです。PostgreSQL 8.4までは、createlangコマンドを使って事前に登録する必要がありましたが、PostgreSQL 9.0以降では登録の必要はなくなり、はじめから有効になっています（E）。

PL/pgSQLは、SQLでは不可能な手続き言語の機能を備えています。条件分岐やループ処理といった制御構造の処理を記述できるほか、SQLデータ型の変数を作成し、値を代入するといったことが可能です（A、B）。
また、関数やトリガー関数の言語としても利用できます（C）。

コードはテキストとして管理されており、定義時ではなくデータベースが起動してから最初の実行時に解釈されます（**D**）。
適切でないものを選ぶ問題なので、**D**が正解です。

9. E

➡ P134

PL/pgSQLの変数宣言に関する問題です。
PL/pgSQLでは、変数を宣言して使用することができます。
PL/pgSQLで使用されるすべての変数は、宣言部（**DECLARE**）で宣言します（A)。
変数はINTEGER、VARCHAR、CHARといった任意のデータ型を持つことができます（D)。
変数宣言の一般的な構文は以下のとおりです。

構文 [　]内は省略可能。{　}は選択

```
変数名 [CONSTANT] データ型 [NOT NULL] [{DEFAULT | :=} 式];
```

データ型には、型のコピー（%TYPE）や行型（%ROWTYPE）といった特殊な指定が可能です。
%TYPEには、カラムのデータ型と同じ型が使用されます（C)。
%ROWTYPEには、既存のテーブルの行と同じ型を持つレコードを宣言しています（B)。これらの形式で指定すれば、将来、テーブルの型が変更された場合でも、プログラムを修正する必要がないというメリットがあります。

設問の選択肢Eは変数のデフォルト値を指定しています。定数を設定する場合は**CONSTANT**キーワードを指定します。
適切でないものを選ぶ問題なので、**E**が正解です。

10. B

➡ P135

PL/pgSQLの文法に関する問題です。
試験では、PL/pgSQLのソースを理解するスキルが必要になります。より詳細な情報は、PostgreSQL 11のオンラインドキュメントの第43章「PL/pgSQL - SQL手続き言語」に記載されています。
設問のソースにおける文法上のポイントは次のとおりです。

- 関数のコードは、シングルクォーテーション「'」の代わりに「**$$**」で囲むことができる
- 関数は、**DECLARE**（宣言部）～**BEGIN**（実行部）～**END**というブロックで構成される
- 1行コメントは「**--**」で、ブロックコメントは「**/* */**」で記述する
- 渡された引数は関数内で「**$1**」「**$2**」という変数に格納される
- **ALIAS FOR**で「$1」や「$2」に別名を定義できる
- 変数宣言では、変数名にデフォルト値を指定できる
- 変数には演算子「**:=**」でデータを代入する
- **RETURN**で変数の値を返し、関数から戻される

設問のコードでは、引数の値をIF文の条件式で評価し、「1」であれば変数retに文字列「ONE」を設定し、RETURN文でその値を返し終了します。「1」以外であれば、デフォルト値の「OTHER」をそのまま返し終了します。したがって、**B**が正解です。

11. B

➡ P136

PL/pgSQLの文法に関する問題です。
設問の関数plus10は、INTEGER型の引数を取り、引数の値に10を加算した値を返す処理がPL/pgSQLで記述されています。「LANGUAGE plpgsql」と指定されているので、プログラムの言語はPL/pgSQLです（E）。
「CREATE OR REPLACE」を実行しているため、関数が存在している場合は置き換えられます（A）。

関数plus10の引数はINTEGER型で、これは整数のみを取るデータ型です。したがって、たとえば0.1のような非整数値を入力すると、データ型が一致しないため以下のようなエラーになります（**B**）。

```
ERROR:  function plus10(numeric) does not exist
LINE 1: select plus10(0.1);
```

引数が複数ある場合は、変数$1、$2に順番に格納されます（C）。
6行目で引数の数値に10が加算されて変数retに格納され、7行目のreturnでretのデータが返されます（D）。

適切でないものを選ぶ問題なので、**B**が正解です。

試験対策
PL/pgSQLの基礎的な文法を理解しておきましょう。

12. C

➡ P136

SQLの実行方法に関する問題です。
一連の作業を行う場合に、SQL文をスクリプトファイルにまとめたり、関数を作成するなどして呼び出すことで、作業効率が向上します。

psqlコマンドは、PostgreSQLのターミナル型フロントエンドです。対話的に問い合わせを入力し、それをPostgreSQLに対して発行して、結果を確認することができます。また、ファイルから入力を読み込むことも可能です。さらに、スクリプトの記述を簡便化したり、さまざまなタスクを自動化したりする、いくつものメタコマンドとシェルに似た各種の機能を備えています。
スクリプトファイルにDML文を順番に記述し、psql -fコマンドでスクリプトを読み、バッチ処理を実行できます（A）。
対話形式のpsqlでは**¥i**コマンドでスクリプトを実行できます（B）。

PostgreSQLにEXECUTEコマンドはありますが、これはPREPAREで準備したSQLを実行するためのコマンドなので、関数を実行する方法としては誤りです（**C**）。
関数の結果を取得するためにはSELECT文で実行します（D）。
適切でないものを選ぶ問題なので、**C**が正解です。

13. C、E

➜ P136

トリガーに関する問題です。
トリガーは、テーブルの行に対する更新のイベント（INSERT、DELETE、UPDATE）が行われたときに、指定した関数を呼び出す機能です（A、B、**C**）。
トリガーの定義は**CREATE TRIGGER**文で行います。基本的な構文は以下のとおりです。

構文 [ ]内は省略可能。{ }は選択

```
CREATE TRIGGER トリガー名 {BEFORE | AFTER} イベントの種類
ON テーブル名 [FOR [EACH] {ROW | STATEMENT}]
EXECUTE PROCEDURE 関数名 (引数);
```

【オプション】

オプション	説明
BEFOREまたはAFTER	イベントの前後どちらで起動するか
イベントの種類	どのイベントが行われるとトリガーが起動するかをDELETE、INSERT、UPDATE、TRUNCATEのいずれかから選択
ROWまたはSTATEMENT	行の更新ごとにトリガーを起動するか（ROW）、SQL文の発行時に1回起動するか（STATEMENT）を指定

CREATE TRIGGER文で呼び出す関数は、定義済みである必要があります（D）。
トリガーを作成しても、ルールが自動的に作成されることはありません（**E**）。
適切でないものを選ぶ問題なので、**C**と**E**が正解です。
より詳細な情報は、PostgreSQL 11オンラインドキュメントの第39章「トリガ」に記載されています。

14. D、E

➡ P137

トリガーに関する問題です。トリガーに関しては、「実行タイミング」「起動単位」「トリガーの削除」について押さえておきましょう。

設問のCREATE TRIGGER文では、log_triggerという名前のトリガーを定義しています。このトリガーは、テーブルproductへの行挿入（INSERT）の実行後（AFTER）に、関数insert_logを呼び出しています（A）。insert_logは、行の更新ごとに呼び出されます（B）。トリガーと関数は一対一で紐付いているわけではありません。そのため、他のトリガーでも同じ関数を使用できます（**D**）。

トリガーが呼び出す関数は、NULLまたはトリガー対象の行と同じ構造の値を返す必要があります。呼び出しのタイミングとしてBEFOREを指定した関数がNULLを返すと、トリガーを呼び出した元の処理は行われず、テーブルの更新を抑止できるようになります。
設問のトリガーではAFTERが指定されているため、関数insert_logがNULLを返してもINSERT文は実行されます（C）。

トリガーの削除は、**DROP TRIGGER**文で行います。構文は以下のとおりです。

構文

```
DROP TRIGGER トリガー名 ON テーブル名;
```

設問の場合は、「DROP TRIGGER log_trigger ON product;」で行います（**E**）。
以上のとおり、**D**と**E**が正解です。

15. A

➡ P137

EXECUTE文は通常、PL/pgSQL関数の中から動的SQLを実行するときに使用されます。このEXECUTEはSQLコマンドのPREPARE/EXECUTEと混同しやすいですが、まったく別のものです（**A**）。適切でないものを選ぶ問題なので、**A**が正解です。
EXECUTE文を用いることで、関数内でDDL文を発行できるほか（C）、以下のようにSELECT文を実行することもできます（D）。

例 EXECUTE文を用いて、SELECT文を実行

```
EXECUTE 'SELECT count(*) FROM mytable WHERE inserted_by = $1
AND inserted <= $2'
   INTO c
   USING checked_user, checked_date;
```

ただし、こうした関数はSQLインジェクションでの攻撃対象になりやすいため、USINGオプションを使用して攻撃から守るようにするといった対策が必要です（B）。

16. D

➡ P138

PREPARE文に関する問題です。
PREPAREはSQLコマンドです。PREPARE文で準備したSQLは、EXECUTE文で実行します。したがって、**D**が正解です。
特徴として次の点を押さえておきましょう。

- PREPARE文を実行する接続内でのみ有効である
- SQL文の解析は初回のみ行われるため、繰り返し同じSQLを実行すると性能が改善する
- ユーザー定義関数のように、「$1」「$2」と引数を取ることができる

17. E

➡ P138

システム情報関数に関する問題です。
PostgreSQLには、セッションやシステムの情報を取得するための関数が多数用意されています。選択肢の**システム情報関数**を利用すると、以下のような情報を得ることができます。

【システム情報関数】

関数	説明
current_database()	現在のデータベース名を返す（B）
current_user	現在の文脈を実行しているユーザー名を返す（C）
version()	PostgreSQL のバージョン情報を返す

選択肢**E**のversion関数にはカッコ「()」が必要ですが、記述されていないためエラーになります。したがって、**E**が正解です。
current_timestampは現在の日付と時刻を返し（A）、current_dateは現在の日付を返す日付／時刻関数です（D）。

18. D

➡ P138

ユーザー定義のSQL関数に関する問題です。
複数のSQLをセミコロン「;」で区切り、シングルクォーテーション「'」で括って記述することができます。戻り値がSETOF型になっており、最後のSELECT文の結果が戻り値となります。以上の構文の内容から関数定義であり、**CREATE FUNCTION**文であることがわかります。したがって、**D**が正解です。

19. C

➡ P139

無名コードブロックに関する問題です。
無名コードブロックとは、一時的に解析・実行される関数です。実行すると構文が解析され、処理が行われますが、データベースには保存されません。繰り返し実行するには、毎回コードを記述し実行する必要があります。

無名コードブロックでは、一時的に手続き言語を実行する無名関数の実行が可能です。無名コードブロックは、**DO $$DECLARE〜BEGIN〜END$$**の構文で記述します。したがって、**C**が正解です。

無名関数を実行するとコードが解析され、1回実行されます。Languageキーワードが省略されるとplpgsqlで解析されます。

20. B

➡ P139

関数COALESCEに関する問題です。
COALESCEは引数を先頭から順に評価し、NULLではない最初の値を返します。あるカラムの値がNULLの場合に、代わりに0を返すといった使い方ができます。

各選択肢に関する説明は以下のとおりです。

A. col1がNULLの場合に第2引数に移りますが、その値がNULLなので0は返りません。
B. col1がNULLの場合に第2引数に移ります。第2引数には0が指定されているので0が返ります。
C. 第1引数がNULL以外の値（0）になっているため、このまま返ります。テーブルtestの全行数分0が返されてしまいます。
D. IF文はPL/pgSQLの構文のため使用できません。
E. NVLは、PostgreSQLには存在しない関数です。

したがって、**B**が正解です。

21. E

➡ P139

関数NULLIFに関する問題です。
NULLIFは引数を2つ取り、2つの値が等しい場合はNULLを返し、等しくない場合は第1引数の値を返します。したがって、**E**が正解です。

その他の選択肢に関する説明は次のとおりです。

※次ページに続く

A. IF文はPL/pgSQLの条件文です。
B. COALESCEは、COL1がNULLの場合に999を返します。
C. CONVERT関数は文字エンコーディングを変更する関数です。
D. CASE文はcol1が999の場合にcol1の値を返し、それ以外の場合はNULLを返します。

22. B ➡ P140

CASEに関する問題です。
CASEを使って条件分岐を記述することができます。SQLの中で式を入力できる箇所であればどこでも使用できます。一般的な構文は以下のとおりです（CASEのみ抜粋）。

構文 [ ]内は省略可能

```
CASE [カラム名] WHEN 条件式 THEN 結果
  [WHEN...]
  [ELSE 結果]
END
```

設問では、WHERE句でCASEを指定しており、カラムscoreが90以上のカラムが真となり、そのレコードが返されます。そのため、2行が返されます。したがって、**B**が正解です。

第7章

ログとセキュリティ管理

- クライアント認証
- アクセス権限
- GRANT文、REVOKE文
- ログ

□ **1.** クライアント認証の設定を行うファイルとして適切なものを選びなさい。

A. postgresql.conf
B. postgres.conf
C. pg_auth.conf
D. pg_hba.conf
E. pgsql_hba.conf

➡ P161

□ **2.** クライアント認証の設定ファイルに記述する認証条件のフィールドとして適切でないものを選びなさい。

A. 接続形式
B. データベース名
C. スキーマ名
D. ロール名
E. 認証方式

➡ P161

□ **3.** 以下のpsqlの接続に対してmd5によるパスワード認証を行う設定として適切なものを選びなさい。

```
psql -h localhost testdb user1
```

A.	local	testdb	user1		md5
B.	host	testdb	user1	127.0.0.1/32	md5
C.	host	user1	testdb	127.0.0.1/32	md5
D.	local	user1	testdb		password
E.	host	testdb	user1	127.0.0.1/32	password

➡ P162

□ **4.** クライアント認証のデータベースの条件指定において、ロールと同じ名前のデータベースを表すキーワードとして適切なものを選びなさい。

A. sameuser
B. same_user
C. samerole
D. same_role

➡ P163

5. クライアント認証のロールの条件指定において、あるグループのロールに属するロールを表す記述として適切なものを選びなさい。

A. ロール名
B. @ロール名
C. *ロール名
D. –ロール名
E. +ロール名

➡ P164

6. クライアント認証のホスト接続におけるIPアドレス範囲の条件指定で、適切でないものを選びなさい。

A. 127.0.0.1/32
B. localhost
C. 空欄にして省略する
D. .example.com
E. ::1/128

➡ P164

7. ロールにパスワードを設定する方法として適切でないものを選びなさい。

A. `createuser -P ロール名`
B. `createrole -P ロール名`
C. `ALTER USER ロール名 PASSWORD 'パスワード';`
D. `ALTER ROLE ロール名 PASSWORD 'パスワード';`
E. `¥password ロール名`

➡ P164

8. t1テーブルのSELECT権限をすべてのロールに与えるSQL文として適切なものを選びなさい。

A. `GRANT SELECT ON t1 TO PUBLIC;`
B. `GRANT SELECT ON t1 TO ALL;`
C. `GRANT READ ON t1 TO PUBLIC;`
D. `GRANT READ ON t1 TO ALL;`
E. `GRANT REFERENCES ON t1 TO PUBLIC;`

➡ P165

☐ **9.** t1テーブルに対するすべての権限をuser1ロールに与えるSQL文として適切なものを2つ選びなさい。

A. `GRANT ALL ON t1 TO user1;`
B. `GRANT ALL PERMISSION ON t1 TO user1;`
C. `GRANT ALL PRIVILEGES ON t1 TO user1;`
D. `GRANT PUBLIC ON t1 TO user1;`
E. `GRANT PUBLIC PRIVILEGES ON t1 TO user1;`

➡ P166

☐ **10.** 以下のUPDATE文の実行権限をuser1ロールに与えるSQL文として適切なものを選びなさい。

```
UPDATE t1 SET name = 'Tom' WHERE id = 1234;
```

A. `GRANT UPDATE ON t1 TO user1;`
B. `GRANT EXECUTE ON t1 TO user1;`
C. `GRANT REFERENCES, UPDATE ON t1 TO user1;`
D. `GRANT SELECT, UPDATE ON t1 TO user1;`
E. `GRANT EXECUTE, UPDATE ON t1 TO user1;`

➡ P167

☐ **11.** 以下のシーケンスを操作するSELECT文の実行権限をuser1ロールに与えるSQL文として適切なものを2つ選びなさい。

```
SELECT nextval('t1_id_seq');
```

A. `GRANT SELECT ON t1_id_seq TO user1;`
B. `GRANT UPDATE ON t1_id_seq TO user1;`
C. `GRANT USAGE ON t1_id_seq TO user1;`
D. `GRANT NEXTVAL ON t1_id_seq TO user1;`
E. `GRANT SEQUENCE ON t1_id_seq TO user1;`

➡ P167

☐ **12.** user1ロールとuser2ロールからt1テーブルのUPDATE権限を取り消すSQL文として適切なものを選びなさい。

A. `REVOKE UPDATE ON t1 FROM user1, user2;`
B. `REVOKE WRITE ON t1 FROM user1, user2;`
C. `REVOKE UPDATE ON t1 FROM user1 AND user2;`
D. `REVOKE WRITE ON t1 FROM user1 AND user2;`
E. `REVOKE UPDATE ON t1 FROM user*;`

➡ P167

☐ **13.** t1テーブルのアクセス権限を表示するコマンドとして適切でないものを2つ選びなさい。

A. `¥dp t1`
B. `¥d t1`
C. `¥z t1`
D. `SHOW privileges FROM t1;`
E. `SELECT * FROM information_schema.table_privileges WHERE table_name = 't1';`

➡ P168

☐ **14.** テーブルを作成した直後のアクセス権限として適切でないものを選びなさい。

A. テーブルを作成したロールにすべての権限がある
B. スーパーユーザーにすべての権限がある
C. すべてのロールにSELECT権限がある
D. テーブルを作成したロールとスーパーユーザー以外はUPDATE権限がない
E. テーブルを作成したロールとスーパーユーザー以外はテーブルを削除できない

➡ P169

□ **15.** ¥dpコマンドを実行してテーブルに対する以下のアクセス権限情報を得た。このときのアクセス権限の説明として適切でないものを選びなさい。

```
appli=arwdDxt/appli
www=rw/appli
```

A. wwwロールにSELECT権限とUPDATE権限がある
B. appliロールにTEMPORARY権限がある
C. appliロールがwwwロールに権限を付与した
D. appliロールはテーブルに対するすべての権限を持っている
E. wwwロールにはDELETE権限がない

➡ P170

□ **16.** log_destinationパラメータに指定する値として適切でないものを選びなさい。

A. stderr
B. syslog
C. eventlog
D. csvlog
E. file

➡ P171

□ **17.** ログメッセージの先頭にタイムスタンプを挿入するパラメータ設定として適切なものを選びなさい。

A. log_line_prefix = 'CURRENT_TIMESTAMP'
B. log_line_prefix = '%Y-%m-%d %H:%M:%S'
C. log_line_header = '%Y-%m-%d %H:%M:%S'
D. log_line_prefix = '%t'
E. log_line_header = '%T'

➡ P171

18. SQLコマンドが中断したときに発生するエラーのレベルを選びなさい。

A. INFO
B. NOTICE
C. WARNING
D. LOG
E. ERROR

➡ P172

19. PostgreSQLを起動しようとしたときに、以下のエラーが発生した。エラーの原因として考えられるものを選びなさい。

```
LOG:  could not bind IPv4 address "0.0.0.0": Address
already in use
HINT:  Is another postmaster already running on port 5432?
If not, wait a few seconds and retry.
WARNING:  could not create listen socket for "*"
FATAL:  could not create any TCP/IP sockets
```

A. すでにサーバが起動している
B. OSに設定されている共有メモリのサイズの上限が、PostgreSQLが作成しようとしている作業領域よりも小さい
C. PostgreSQLのクライアントしかインストールされていない
D. 予約済みのポート番号でサーバを起動しようとしている

➡ P173

□ 20. データベース接続時に次のエラーが発生した。このエラーの原因でないものを2つ選びなさい。

```
psql:  could not connect to server: Connection refused
    Is the server running on host "hogehoge" (192.168.1.101)
    and accepting
    TCP/IP connections on port 5432?
```

A. ホストhogehogeを名前解決できない
B. データベースクラスタがホストhogehogeで起動していない
C. データベースクラスタがホストhogehogeでTCP/IP接続できるようになっていない
D. データベースクラスタがホストhogehoge上でポート5432番で起動していない
E. ロール名とパスワードが間違っている

➡ P174

□ 21. postgresql.confのパラメータに関する説明として適切でないものを選びなさい。

A. redirect_stderrを設定することで、$PGDATA/pg_log以下にログメッセージをリダイレクトする
B. log_connectionsをonに設定すると、クライアントがPostgreSQLに接続した際にログが出力されるようになるが、接続を切断したことを記録するにはlog_disconnectionsもonにする必要がある
C. log_checkpointsをonに設定するとチェックポイントが発行された際にログが出力されるようになる
D. log_statementにはnone、ddl、mod、およびallを指定でき、DDL文だけを記録するなど、出力するSQLを絞り込むことができる

➡ P174

第7章　ログとセキュリティ管理
解　答

1.　D

➡ P154

クライアント認証に関する問題です。

クライアント認証とは、データベースサーバがクライアントを識別して、そのクライアントが要求するデータベースに接続できるかどうかを決定する処理です。

クライアント認証の設定は、**pg_hba.conf**ファイルで行います。したがって、**D**が正解です。

hbaとは、host-based authenticationの頭文字で、ホストを基にした認証を意味します。pg_hba.confファイルは、initdbコマンドの実行時に、データベースクラスタディレクトリに作成されます。

選択肢Aのpostgresql.confファイルは、PostgreSQL全般の設定を行うファイルです。その他の選択肢のようなファイルはありません。

2.　C

➡ P154

クライアント認証の設定に関する問題です。

pg_hba.confファイルには、特定の接続に対する認証条件を1行ずつ記述します。インストール方法によって違いがありますが、ソースコードをビルドしてインストールした場合のpg_hba.confファイルのデフォルト設定は以下のとおりです。

例 pg_hba.conf**ファイルのデフォルト設定**

```
local   all             all                                     trust
# IPv4 local connections:
host    all             all             127.0.0.1/32            trust
# IPv6 local connections:
host    all             all             ::1/128                 trust
# Allow replication connections from localhost, by a user with the
# replication privilege.
local   replication     all                                     trust
host    replication     all             127.0.0.1/32            trust
host    replication     all             ::1/128                 trust
```

※次ページに続く

データベースサーバは、接続要求があると認証設定を上から順に検査し、接続要求にあてはまる条件があれば、その行に記述されている方式でクライアントに認証を課します。認証に失敗したときは、改めてpg_hba.confの次の行を検査することはありません。また、接続要求にあてはまる条件がなければ、接続は拒否されます。

認証条件を構成するフィールドには、以下のものがあります。

- 接続形式（A）
- データベース名（B）
- ロール名（D）
- IPアドレス（ネットワーク接続の場合）
- 認証方式（E）
- 認証オプション（ある場合）

以上より、スキーマ名は指定しません。適切でないものを選ぶ問題なので、**C**が正解です。

試験対策

クライアント認証設定ファイルの記法を理解しておきましょう。
- データベースクラスタ直下のpg_hba.confファイルで設定する
- 制御したいクライアント認証の条件を1行ずつ記載する
- 条件で利用される要素（接続形式、データベース名、ロール名、IPアドレス［ネットワーク接続の場合］、認証方式、認証オプション［ある場合］）

試験対策

PostgreSQLにクライアント接続があると、pg_hba.confファイルの設定が上から順に検査され、クライアント接続要求に初めて該当した設定が適用されます。
クライアント接続要求がどの設定にも該当しなかった場合、接続は拒否されます。

3. B

➡ P154

クライアント認証の設定に関する問題です。
設問のpsqlコマンドは、localhostのtestdbデータベースにuser1ロールで接続を試みています。認証の条件は、以下の順番で記述します。

1. 接続形式
2. データベース名

3. ロール名
4. IPアドレス（ネットワーク接続の場合）
5. 認証方式
6. 認証オプション（ある場合）

よって、2がuser1、3がtestdbの順になっている選択肢CとDは誤りです。

接続形式には、以下の値が指定できます。

【接続形式】

接続形式	内容
local	Unixドメインソケットを使用した接続
host	TCP/IPを使用した接続。SSL接続かどうかは問わない
hostssl	TCP/IPを使用したSSLで暗号化された接続
hostnossl	TCP/IPを使用したSSLで暗号化されていない接続

psqlの-hオプションでホスト名を指定した場合、たとえlocalhostを指定していたとしても、TCP/IPを使用して接続が行われます。よって、Unixドメインソケットを使用する接続に対するlocalを指定している選択肢Aは誤りです。**Unixドメインソケット**とは、ネットワークを使用せずにローカルマシン内で通信を行うためのインタフェースです。
md5によるパスワード認証とは、**md5**と呼ばれるアルゴリズムでパスワードからハッシュ値と呼ばれる値を求め、その値を用いてパスワード照合を行う方式です。md5方式を使用するには、認証設定にmd5を指定します。
passwordは、パスワード同士を平文で照合する方式です（E）。
以上より、**B**が正解です。

4. A ➡ P154

クライアント認証の設定に関する問題です。
クライアント認証のデータベースの条件には、データベース名のほかに以下のキーワードを指定できます。

【データベースの条件に使用できるキーワード】

キーワード	説明
@ファイル名	指定したファイルに記述されているデータベース
all	すべてのデータベース
samerole	ロールが属しているグループを表すロールと同じ名前のデータベース
sameuser	ロールと同じ名前のデータベース

以上より、**A**が正解です。

> **試験対策** クライアント認証の条件で利用される要素として使われるキーワードを理解しておきましょう。

5. E → P155

クライアント認証の設定に関する問題です。
クライアント認証設定のロールの条件には、ロール名のほかに以下のキーワードを指定できます。

【ロールの条件に使用できるキーワード】

キーワード	説明
+ロール名	指定したロールに直接的もしくは間接的に属するロール
@ファイル名	指定したファイルに記述されているロール
all	すべてのロール

以上より、**E**が正解です。

6. C → P155

クライアント認証の設定に関する問題です。
IPアドレス範囲には、クライアントのIPアドレスが含まれる範囲を指定します。書式は、「IPアドレス/マスクビット数」で表されるCIDR記法、もしくは、IPアドレスとサブネットマスクを空白で区切った記法に対応しています（A）。
IPアドレスは、IPv4のほかにIPv6のアドレスも指定できます（E）。選択肢Eの「::1/128」は、IPv6のループバックアドレス、すなわちIPv4でいうところの127.0.0.1/32に該当します。

IPアドレス以外にも、ホスト名（B）やホスト接尾辞（D）も指定できます。
ローカル接続の場合、IPアドレス範囲は省略しますが、ホスト接続の場合はIPアドレス範囲を省略することはできません（**C**）。適切でないものを選ぶ問題なので、**C**が正解です。

7. B → P155

ロールのパスワード設定に関する問題です。
ロールの新規作成時にパスワードを設定する場合は、**CREATE USER**文または**CREATE ROLE**文の**PASSWORD**オプションを使用するか、もしくは、**createuser**コマンドの**-P**オプションを使用します（A）。

既存のロールに対してパスワードを設定する場合は、**ALTER USER**文または**ALTER ROLE**文の**PASSWORD**オプションを使用するか、もしくは、**psql**の**¥password**コマンドを使用します（C、D、E）。
createuserコマンドと¥passwordコマンドは、パスワード入力のプロンプトが表示されたら、そこでパスワードを入力します。
SQL文の場合はパスワードを直接記述するため、実行後に履歴を削除する操作が必要になります。
選択肢Bのcreateroleというコマンドはありません。適切でないものを選ぶ問題なので、**B**が正解です。

8. A

➡ P155

GRANT文に関する問題です。
テーブルなどのデータベースオブジェクトに対するアクセス権限をロールに与える場合は、**GRANT**文を使用します。GRANT文の基本構文は以下のとおりです。

構文 [ ] は省略可能

```
GRANT 権限 [, ...] ON オブジェクト名 [, ...] TO 対象 [, ...];
```

指定できる権限の種類は、次の表のとおりです。

【権限の種類】

権限	説明
ALL PRIVILEGES／ALL	指定可能な権限をすべて付与する
CONNECT	指定したデータベースへの接続を許可する
CREATE	データベースを指定した場合、そのデータベースに対するスキーマの作成を許可する。スキーマを指定した場合、そのスキーマに対するオブジェクトの作成を許可する。テーブルスペースを指定した場合、テーブルスペースに対するテーブル、インデックス、一時ファイルの作成と、そのテーブルスペースをデフォルトとしたデータベースの作成を許可する
DELETE	指定したテーブルの行のDELETEを許可する
EXECUTE	指定した関数またはプロシージャ、その関数で実装されている演算子の使用を許可する
INSERT	指定したテーブルへのINSERTとCOPY FROMを許可する

※次ページに続く

【権限の種類（続き）】

権限	説明
REFERENCES	指定したテーブルや任意のカラムに対する外部キー制約の作成を許可する。外部キー制約を作成するには、参照テーブルと被参照テーブルの両方にこの権限が必要になる
SELECT	指定したテーブル、ビュー、シーケンスや任意のカラムに対するSELECTとCOPY TOを許可する。UPDATEやDELETEでカラムを参照する際と、シーケンスを操作するcurrval関数で必要
TEMPORARY／TEMP	指定したデータベースに対する一時テーブルの作成を許可する
TRIGGER	指定したテーブルに対するトリガーの作成を許可する
TRUNCATE	指定したテーブルのTRUNCATEを許可する
USAGE	手続き言語を指定した場合、その手続き言語で関数を作成することを許可する。スキーマを指定した場合、そのスキーマに含まれるオブジェクトへのアクセスを許可する。シーケンスを指定した場合、currval、nextval関数の使用を許可する
UPDATE	指定したテーブルや任意のカラムに対するUPDATEを許可する。SELECT～FOR UPDATE／FOR SHAREと、シーケンスを操作するnextval、setval関数もこの権限が必要になる

対象には、ロール名を指定します。対象としてグループを表すロール名を指定した場合は、そのロールに属するロールに権限が与えられます。また、**PUBLIC**という特別な値を指定すると、すべてのロールに対して権限を与えることができます。

以上より、**A**が正解です。

9. A、C

➡ P156

GRANT文に関する問題です。
対象のオブジェクトに対するすべての権限をロールに付与するには、**ALL PRIVILEGES**というキーワードを指定します。PRIVILEGESは省略することもでき、**ALL**のみでも同じ動作になります。したがって、**A**と**C**が正解です。

10. D

➡ P156

GRANT文に関する問題です。

UPDATE文の実行を許可するには、GRANT文でUPDATE権限を与えます。しかし、UPDATE権限だけで実行できるUPDATE文は、条件指定をしない非常に単純なものだけです。これは、UPDATE権限だけではなくDELETE権限にも同じことがいえます。

WHERE句で条件を指定したUPDATE文は、行を特定するための**SELECT権限**も必要になります。したがって、**D**が正解です。

11. B、C

➡ P156

GRANT文に関する問題です。

シーケンスを操作する関数は、関数によって必要な権限が異なります。必要な権限は以下のとおりです。

【シーケンス操作に必要な権限】

関数	権限
currval	SELECT、またはUSAGE
nextval	UPDATE、またはUSAGE
setval	UPDATE

選択肢DのNEXTVALや選択肢EのSEQUENCEという権限はありません。

以上より、**B**と**C**が正解です。

試験対策

シーケンスを操作する関数に対応する権限を押さえておきましょう。

12. A

➡ P157

REVOKE文に関する問題です。

ロールからテーブルなどのデータベースオブジェクトに対するアクセス権限を取り消すには、**REVOKE**文を使用します。REVOKE文の基本構文は以下のとおりです。

構文 [ ]は省略可能

```
REVOKE 権限 [, ...] ON オブジェクト名 [,...] FROM 対象 [, ...];
```

指定できる権限は、GRANT文と同じです。詳細は、解答8の表【権限の種類】を参照してください。

対象にはロール名を指定し、複数ある場合はカンマで区切ります。
GRANT文と同様に**PUBLIC**を指定して、対象をすべてのロールにすることも可能です。
以上より、**A**が正解です。

試験対策 ロールに対する権限の付与（問題8〜11）、剥奪方法（問題12）と、権限の種類を理解しておきましょう。

13. B、D

➡ P157

テーブルのアクセス権限に関する問題です。
選択肢Aの**¥dp**と選択肢Cの**¥z**は、テーブルのアクセス権限を表示するpsqlのメタコマンドです。¥zは¥dpの別名で、動作はまったく同じです。

選択肢**B**の**¥d**は、リレーション（テーブル、ビュー、インデックス、シーケンス）の情報を表示するコマンドですが、アクセス権限は表示しません。選択肢**D**の**SHOW**コマンドは、パラメータの設定を表示するコマンドで、アクセス権限を確認することはできません。適切でないものを選ぶ問題なので、**B**と**D**が正解です。

選択肢Eは、情報スキーマを使用したアクセス権限の表示方法です。

¥dp t1の実行例は以下のとおりです。

例 ¥dpによるアクセス権限の表示

```
=# ¥dp t1
                          Access privileges
 Schema | Name | Type  |     Access privileges     | Column access privileges
--------+------+-------+---------------------------+-------------------------
 public | t1   | table | postgres=arwdDxt/postgres+|
        |      |       | www=r/postgres            |
```

Access privileges列の「=」の前にあるロール名は、権限が与えられているロールを表し、「/」の後ろにあるロール名は権限を与えたロールを表しています。

情報スキーマによるアクセス権限の表示例は次のとおりです。

例 情報スキーマによるアクセス権限の表示

```
 grantor  | grantee  | table_catalog | table_schema | table_name |
privilege_type | is_grantable | with_hierarchy
----------+----------+---------------+--------------+------------+--
--------------+--------------+----------------
 postgres | postgres | test          | public       | t1         |
INSERT         | YES          | NO
 postgres | postgres | test          | public       | t1         |
SELECT         | YES          | NO
 postgres | postgres | test          | public       | t1         |
UPDATE         | YES          | NO
 postgres | postgres | test          | public       | t1         |
DELETE         | YES          | NO
 postgres | postgres | test          | public       | t1         |
TRUNCATE       | YES          | NO
 postgres | postgres | test          | public       | t1         |
REFERENCES     | YES          | NO
 postgres | postgres | test          | public       | t1         |
TRIGGER        | YES          | NO
 postgres | www      | test          | public       | t1         |
SELECT         | NO           | NO
```

【information_schema.table_privileges】

列	説明
grantor	権限を与えたロールの名前
grantee	権限を与えられたロールの名前
table_catalog	テーブルを含むデータベースの名前
table_schema	テーブルを含むスキーマの名前
table_name	テーブルの名前
privilege_type	権限の種類。値は、SELECT、INSERT、UPDATE、DELETE、TRUNCATE、REFERENCES、TRIGGERのいずれかとなる
is_grantable	権限を付与可能な場合はYES、そうでなければNOとなる
with_hierarchy	PostgreSQLでは利用できない機能に適用されるもの

14. C

➡ P157

アクセス権限に関する問題です。
テーブルを作成した直後は、テーブルを作成したロールとスーパーユーザーにのみすべてのアクセス権限があり、その他のロールには権限が一切与えられていません。適切でないものを選ぶ問題なので、**C**が正解です。

15. B ➡ P158

アクセス権限に関する問題です。
「=」の前にあるロール名は、**権限が与えられているロール**を表し、「/」の後ろにあるロール名は**権限を与えたロール**を表します。よって、www=rw/appliは、appliロールがwwwロールに権限を付与したことを表しています（C）。

¥dp（¥z）コマンドの出力とアクセス権限の対応関係は以下のとおりです。

【¥dp（¥z）コマンドの出力とアクセス権限の対応】

¥dp（¥z）の出力	権限
a	INSERT（append）
c	CONNECT
C	CREATE
D	TRUNCATE
d	DELETE
r	SELECT（read）
T	TEMPORARY
t	TRIGGER
U	USAGE
w	UPDATE（write）
X	EXECUTE
x	REFERENCES
arwdDxt	テーブルに対するすべての権限

以上より、appliロールはテーブルに対するすべての権限（D）を、wwwロールはSELECT権限とUPDATE権限を持っています（A、E）。

TEMPORARY権限は、テーブルではなくデータベースに対する権限です。そのため、¥dp（¥z）コマンドでは出力されません（**B**）。適切でないものを選ぶ問題なので、**B**が正解です。

試験対策

¥dpによるアクセス権限の読み方は、
《TO: 誰に対して》=《WHAT: 何の権限》/《BY: 誰から与えられたか》
となります。

16. E

➡ P158

ログに関する問題です。

log_destinationは、ログの出力先を指定するパラメータです。

log_destinationには、**stderr**、**syslog**、**eventlog**、**csvlog**の4種類の値が指定できます。適切でないものを選ぶ問題なので、**E**が正解です。

eventlogは、Windows上で動作するPostgreSQLのみ指定できます。

csvlogは、出力先ではなくログの形式を表す値です。これは、出力先を表す値とカンマ区切りで組み合わせて指定します。

csvlogを指定すると、ログの項目がカンマ区切り値の書式（CSV）で出力されます。

CSV形式のログファイルは、表計算ソフトで読み込んだり、データベースのテーブルにデータとして投入したりして処理することができます。

fileという値は指定できません。ログをファイルに書き出したいときは、logging_collectorパラメータをonに設定します。logging_collectorは、stderr（標準エラー出力）に送られたログをファイルにリダイレクトするかどうかを設定するパラメータです。

17. D

➡ P158

ログに関する問題です。

log_line_prefixパラメータを利用すると、ログメッセージの先頭に任意の文字列を出力することができます。

設定値には、文字列のほかに「**%**」で始まる特別な意味を持った値（エスケープシーケンス）が使用できます。よく使用されるエスケープシーケンスは以下のとおりです。

【エスケープシーケンス】

エスケープシーケンス	置き換えられる文字列
%%	%文字
%a	アプリケーション名
%d	データベース名
%l	セッション内のログの行番号
%m	ミリ秒を含むタイムスタンプ
%p	プロセスID
%t	ミリ秒を含まないタイムスタンプ
%u	ロール名

ログの出力にSyslogを利用している場合は、SyslogによってログメッセージにタイムスタンプやプロセスIDが付けられますが、**logging_collector**をonにしてファイルに出力している場合は、デフォルトではそれらが付けられません。

したがって、そのような場合はlog_line_prefixの設定が必須になります。
たとえば、以下のように設定した場合はタイムスタンプとプロセスIDがログメッセージの先頭に付けられます。

例 log_line_prefixの設定

```
log_line_prefix = '%t [%p]'
```

例 ログメッセージに付けられるタイムスタンプとプロセスID

```
2020-01-16 11:44:18 JST [10328] FATAL:  database "testdb"
does not exist
```

選択肢CとEのlog_line_headerというパラメータはありません。
以上より、**D**が正解です。

18. E

➡ P159

ログに関する問題です。
PostgreSQLの**エラー**は、影響範囲や深刻度に応じて明確にレベル分けがされています。各エラーレベルの意味は以下のとおりです。

【エラーレベル】

エラーレベル	説明
DEBUG1～5	PostgreSQLの開発者の補助になる詳細な情報を提供する
INFO	コマンドのverboseオプションなど、暗黙的に要求された詳細な情報を提供する（A）
NOTICE	ユーザーの補助になる情報を提供する（B）
WARNING	ユーザーへの警告となる情報を提供する（C）
LOG	データベース管理者の補助になる情報を提供する（D）
ERROR	SQLコマンドが中断した原因を報告する。問題が発生したトランザクション以外には影響はない（**E**）
FATAL	セッションが中断した原因を報告する。問題が発生したセッション以外には影響はない
PANIC	PostgreSQLサーバ全体に影響する障害が発生した原因を報告する。すべてのセッションが中断され、PostgreSQLが停止する

以上より、**E**が正解です。

19. A

➡ P159

PostgreSQL起動時に発生するエラーの対処方法に関する問題です。
データベースクラスタを起動する際に、クライアントからのTCP/IP接続をリスニングするために特定のIPアドレスとポート番号を使用します。設問のエラーは、このIPアドレスとポート番号が使用できなかったときに発生します。原因としてはすでにサーバが起動していることが考えられます。また、他のデータベースクラスタが同じポートで使用されている可能性も考えられます。したがって、**A**が正解です。
その他の選択肢に関する説明は以下のとおりです。

B.　この場合は、以下のようなエラーが発生します。

例 共有メモリの上限を超えた作業領域を作成（エラー）

```
FATAL:  could not map anonymous shared memory: Cannot allocate
memory
HINT:  This error usually means that PostgreSQL's request for
a shared memory segment exceeded available memory, swap space,
or huge pages. To reduce the request size (currently 140686598144
bytes), reduce PostgreSQL's shared memory usage, perhaps by
reducing shared_buffers or max_connections.
```

C.　このケースでは、PostgreSQLの起動コマンドpg_ctlが存在しないというエラーが返ります。

例 PostgreSQLクライアントしか存在しない（エラー）

```
-bash:pg_ctl : command not found
```

D.　この場合、設問と非常によく似たエラーが発生しますが、1行目のエラーより判断できます。このエラーは1023番以下のポートを指定してPostgreSQLを起動した場合などに発生します。

例 PostgreSQL起動時のポート番号が不正（エラー）

```
LOG:  could not bind IPv4 address "0.0.0.0": Permission denied
HINT:  Is another postmaster already running on port 666?
If not, wait a few seconds and retry.
WARNING:  could not create listen socket for "*"
FATAL:  could not create any TCP/IP sockets
```

20. A、E

➡ P160

クライアントからデータベースに接続したときに発生するエラーの対処方法を問う問題です。
設問のエラーは選択肢B、C、Dのような状況で発生します。

選択肢**A**のように、サーバに接続しようしたときに名前解決ができないと、以下のエラーが発生します。

例 接続先サーバの名前解決ができない場合（エラー）

```
psql: could not translate host name "hogehoge" to address:
Name or service not known
```

また、選択肢**E**のように、ロール名やパスワードが間違っている場合は、以下のエラーが発生します。

例 ロールが存在しない場合（エラー）

```
psql: FATAL:  role "hogehoge" does not exist
```

例 パスワードが間違っている場合（エラー）

```
psql: FATAL:  password authentication failed for user
"hogehoge"
```

したがって、**A**と**E**が正解です。

21. A

➡ P160

postgresql.confのパラメータに関する問題です。
log_connectionsは、クライアントからの接続をログに出力します。切断も記録するためには、**log_disconnections**の設定が必要です。ログの出力はシステムの負荷を高めるため、システムの状況に応じて必要な設定のみを行うことが重要です（B）。

log_checkpointsは、チェックポイントを記録するパラメータです。チェックポイントはディスクへのアクセスを行うため、パフォーマンスに影響を与える可能性があります。パフォーマンスが劣化した時間にチェックポイントが頻繁に発行されていなかったかを確認したい場合に有効です（C）。

log_statementは、SQLが発行されたことを確認する際に使用します。文中にあるとおり、発行されたSQLの種類によってログに残すかどうかを選択できます。これも、ログ出力による負荷を制御したい場合に有効です（D）。

redirect_stderrはPostgreSQL 8.2まで使用されていたパラメータです。PostgreSQL 8.3からは**logging_collector**に変更されました（**A**）。
適切でないものを選ぶ問題なので、**A**が正解です。

試験対策

ログに関連する主要なパラメータを押さえておきましょう。

パラメータ	説明
log_checkpoints	チェックポイント処理が発生したことをログに出力
log_connections	クライアントからサーバに接続されたたことをログに出力
log_destination	ログの出力先
log_directory	ログファイルの格納ディレクトリ
log_disconnections	クライアントのサーバ接続終了をログに出力
log_filename	ログのファイル名
log_line_prefix	ログメッセージの先頭行に追記する情報
log_rotation_age	時間契機のローテーション有効・無効化
log_rotation_size	ファイルサイズ契機のローテーションの有効・無効化
log_statement	指定した種類のSQLが発行されたことをログに出力
log_truncate_on_rotation	ログファイルのローテーション時に同名ファイルがあった場合に上書きするか追加するかを指定

第 8 章

定期的な運用管理

- VACUUM
- AUTOVACUUM
- vacuumdb
- CLUSTER
- REINDEX
- システムカタログ
- 情報スキーマ
- ユーザーの削除
- 運用管理とコミュニティ
- バージョン

☐ **1.** メンテナンスのため以下のSQL文を実行した。

```
VACUUM VERBOSE foo;
```

このVACUUM処理に関する説明として適切なものを選びなさい。

A. VACUUMを実行すると不要領域が回収され、テーブルのサイズも小さくなる
B. VACUUM実行中はテーブルにロックがかかるため、INSERT文やUPDATE文を実行することはできないが、SELECT文は実行できる
C. VERBOSEオプションが指定されているため、より詳細な出力を得ることができる
D. この処理でテーブルfooとテーブルVERBOSEの不要領域を削除できる

➡ P184

☐ **2.** 更新や削除によって生じる不要領域に関する説明として適切なものを選びなさい。

A. VACUUMを発行しなくても再利用できるケースがある
B. VACUUMを実施するには必ずpsqlで接続を行わなければならない
C. AUTOVACUUMでは定期的にVACUUM FULLが実行される
D. AUTOVACUUMでは統計情報の取得はできない

➡ P184

☐ **3.** VACUUMに関するコマンドの説明として適切なものを選びなさい。

A. vacuumdbにオプションを付けずに実行すると、すべてのデータベースに対してVACUUMが実行される
B. 「vacuumdb -a」を実行することでvacuumとanalyzeを同時に実施できる
C. 「vacuumdb -F」を実行することでpsql上のVACUUM FULLと同等の処理を実施できる
D. 「vacuumdb -v」を実行することでVACUUMの状況を詳しく確認できる

➡ P185

☐ **4**. データベースの不要領域の回収を行うコマンドとして適切なものを選びなさい。

A. reindexdb
B. analyzedb
C. cleanupdb
D. vacuumdb
E. dropdb

➡ P186

☐ **5**. すべてのデータベースの不要領域の回収と統計情報の収集を行うPostgreSQLのコマンドを2つ選びなさい。

A. `vacuumdb --all --analyze`
B. `analyzedb --all --vacuum`
C. `vacuumdb --all --stats`
D. `vacuumdb -az`
E. `analyzedb -av`

➡ P186

☐ **6**. AUTOVACUUMに関する説明として適切でないものを選びなさい。

A. postgresql.confのautovacuumパラメータで起動可否を設定できる
B. 更新量に合わせて適宜実行されるため、統計情報収集コレクタが必須である
C. AUTOVACUUMは、VACUUM FULLを実行する
D. AUTOVACUUMは通常、XID周回問題が発生する前に、必要なVACUUMを実行する

➡ P186

☐ **7.** XID周回問題に関する説明として適切でないものを選びなさい。

A. XID周回問題が発生しないよう、AUTOVACUUMは内部的な処理を行うことがある

B. XID周回問題が発生する直前までXIDが進んでしまった場合は、データを保護するためにPostgreSQLは停止する

C. XIDの周回問題はXIDが64bit、つまり最大で約42億個（4G）の値しか持てないことに起因する

D. XIDが周回すると存在するはずのデータが消失するなど、さまざまな問題が発生しうる

➡ P187

☐ **8.** CLUSTERコマンドに関する説明として適切でないものを選びなさい。

A. データベースの可用性を高めるためにデータを二重化するためのコマンドである

B. clusterdbコマンドで実行することもできる

C. CLUSTERコマンドを使用するためにはインデックスが必要である

D. CLUSTERコマンド実行中は対象のテーブルにアクセスすることはできない

➡ P187

☐ **9.** REINDEXコマンドに関する説明として適切でないものを選びなさい。

A. REINDEX DATABASEでデータベース内のすべてのインデックスを再構築できる

B. REINDEX CONCURRENTLYコマンドでシステム運用を中断せずにインデックスの再構築ができる

C. REINDEX SYSTEMでシステムカタログに対するすべてのインデックスを再構築できる

D. システム運用中にインデックス内にできてしまった多数の空の領域が存在する状態を解消する

➡ P188

☐ **10**. 以下のシステムカタログ名とその説明の組み合わせとして適切でないものを選びなさい。

A. pg_class — テーブルの管理に関する情報を格納する
B. pg_settings — 設定パラメータの詳細情報を格納する
C. pg_proc — プロセスの管理に関する情報を格納する
D. pg_type — データ型の管理に関する情報を格納する

➡ P188

☐ **11**. 情報スキーマ（information schema）に関する説明として適切なものを2つ選びなさい。

A. システムカタログよりも詳しく情報を得ることができ、テーブルの数もシステムカタログより多い
B. SQL標準に準拠しているため移植性が高い
C. デフォルトでpublicスキーマに所属する
D. テーブルまたはビューで構成されるが、所有者はinformation_schemaである

➡ P189

☐ **12**. 実行時パラメータに関する説明として適切でないものを選びなさい。

A. postgresql.confで設定されるパラメータのことで、GUCと呼ばれる
B. psql上からSHOW ALLを実行することで、すべてのパラメータを確認できる
C. psql上から「SET パラメータ名 := 値」と実行することで、パラメータ値を変更できる
D. psql上から「RESET パラメータ名」と実行することで、SETコマンドで行ったパラメータ値の変更を取り消すことができる

➡ P189

□ **13.** psqlから以下のコマンドを実行した。返される結果の組み合わせとして、適切なものを選びなさい。

```
SET  client_encoding TO 'EUC_JP';

BEGIN;
SET  LOCAL client_encoding TO 'SJIS';

SHOW client_encoding;  …… ①
COMMIT;
SET  LOCAL client_encoding TO 'UTF8';

SHOW client_encoding;  …… ②
```

A.	① SJIS	② UTF8
B.	① EUC_JP	② EUC_JP
C.	① SJIS	② SJIS
D.	① SJIS	② EUC_JP

➡ P190

□ **14.** PostgreSQL運用とコミュニティの関係に関する説明として適切なものを選びなさい。

A. コミュニティはPostgreSQLの不具合を修正する義務を負うので、不具合を発見した場合は個別に修正パッチを要求するとよい

B. PostgreSQLはオープンソースなので、今後、どんなに古いバージョンでも要求すれば定期的にパッチが作成される

C. コミュニティに貢献するためには、エラーが発生した場合はどんなに些細なものでも報告するとよい

D. 不具合を発見した場合、再現ケースを併せて提供することが好ましい

➡ P190

☐ **15.** テーブルに対してUPDATEを繰り返し実行したため、テーブルの断片化が進んでいる。テーブルのサイズを小さくするための対処方法として適切でないものを選びなさい。

A. psqlから「VACUUM FULL」を実行する
B. OSコマンドから「vacuumdb --all」を実行する
C. OSコマンドからclusterdbを実行する
D. pg_dumpとpsqlを使ってデータの入れ直しを行う

➡ P191

☐ **16.** PostgreSQLのバージョンアップに関する説明として適切でないものを選びなさい。

A. マイナーバージョンが上がるリリースでは、主にバグ修正が行われる
B. メジャーバージョンが上がるリリースでは、仕様変更や機能追加が行われる
C. マイナーバージョンアップは、PostgreSQLサーバを停止せずに行える
D. pg_upgradeのようなツールを使用しない限り、メジャーバージョンアップはダンプ・リストアが必要になる

➡ P192

☐ **17.** データベースユーザーの削除に関する説明として適切でないものを選びなさい。

A. ユーザーがテーブルの所有者の場合は、ユーザーを削除することはできない
B. ユーザーがデータベースの所有者の場合は、ユーザーを削除することはできない
C. ユーザーはuserdelコマンドからも削除ができる
D. ユーザーはSQLコマンドのdrop roleコマンドでも削除できる

➡ P192

第 8 章　定期的な運用管理
解　答

1. C ➡ P178

VACUUMコマンドに関する問題です。
PostgreSQLには、アクセスされなくなった不要領域をデータベースから回収するための**VACUUM**という機能が備わっています。定期的にVACUUMを行うことでデータベースの肥大化を抑えることができます。VACUUMを実行するためには、**VACUUM**コマンドを使います。構文は以下のとおりです。

構文　[　]は省略可能。{　}は選択

```
VACUUM [({FULL | FREEZE | VERBOSE | ANALYZE} [, ...])]
[テーブル名];
```

【オプション】

オプション	説明
FULL	テーブルは排他的ロックを取得して不要領域を回収し、OS上でテーブルが占有していた領域を開放する
FREEZE	過去のトランザクションIDを凍結する（特殊なFrozen XIDに変更する）
VERBOSE	処理中の詳細な情報を表示する
ANALYZE	統計情報を収集する

FULLオプションを指定しなかった場合は、不要領域が回収されてもテーブルのサイズは変わりません（A、D）。また、VACUUM中にはテーブルの定義を変更するDDL文を実行することはできませんが、SELECT、INSERT、UPDATEなどのDML文は実行できます（B）。

設問のコマンドにはVERBOSEオプションが指定されています。これにより、回収した行数やCPU時間、実行にかかった時間などの詳細な情報が表示されます（**C**）。
したがって、**C**が正解です。

2. A ➡ P178

更新や削除によって発生する不要領域に関する問題です。
PostgreSQL 8.3より追加された**HOT**という機能を使うと、VACUUMを実行しなくても不要領域を再利用できる場合があります。したがって、**A**が正解です。

VACUUMは、psqlで接続せずにvacuumdbというOSコマンドとしても実行することができます（B）。また、PostgreSQL 8.1から各データベースのVACUUMを自動化する**AUTOVACUUM**（自動VACUUM）という機能が利用できるようになり、デフォルトでは有効になっています。AUTOVACUUMで実行されるのは、VACUUM FULLではなくVACUUMです（C）。ANALYZEオプションを付けることで統計情報を併せて収集することもできます。AUTOVACUUMは統計情報の収集を行います（D）。

3. D ➜ P178

vaccumdbコマンドのオプションに関する問題です。
vacuumdbコマンドはVACUUMと同様、不要領域の回収を行います。構文は以下のとおりです。

構文 [ ]は省略可能

```
vacuumdb [--full | -f] [--freeze | -F] [--verbose | -v]
[--analyze | -z] [--analyze-only | -Z] [--all | -a]
[--version | -v] [データベース名]
```

【オプション】

オプション	説明
--full (-f)	VACUUM FULLと同等の処理を行う
--freeze (-F)	過去のトランザクションIDを凍結する（C）
--verbose (-v)	処理中の詳細な情報を表示する（**D**）
--analyze (-z)	統計情報を収集する
--analyze-only (-Z)	VACUUMを実行せず、統計情報の収集のみを行う
--all (-a)	すべてのデータベースに対して、VACUUMを実施する（B）
--version (-V)	vacuumdbのバージョンを表示する

上記のとおり、**D**が正解です。データベース名を指定しなかった場合は環境変数PGDATABASEで指定されているデータベースのVACUUMが行われます（A）。
--freezeでは、読み取り一貫性を実現するために保持していた過去のトランザクションIDをFrozen XIDという特別な値に割り当てます。こうすることで、有限なトランザクションIDが周回し、データの消失などを引き起こす**XID周回問題**（解答7を参照）を回避します。

> **試験対策**
> vacuumdbコマンドの機能と使い方を押さえておきましょう。

4. D ➡ P179

vacuumdbコマンドに関する問題です。
各選択肢に関する説明は以下のとおりです。

A. reindexdbは、データベースのインデックスを再構築するためのコマンドです。
B. analyzedbというコマンドはありません。
C. cleanupdbというコマンドはありません。
D. vacuumdbは、データベースの不要領域の回収を行うためのコマンドです。
E. dropdbは、データベースを削除するためのコマンドです。

したがって、**D**が正解です。

5. A、D ➡ P179

vacuumdbコマンドに関する問題です。
すべてのデータベースの不要領域の回収と統計情報の収集を行うには、**vacuumdb**コマンドを実行します。
すべてのデータベースの不要領域を回収するオプションは-a（--all）です。同時に統計情報も取得するには、-z（--analyze）オプションを指定します。したがって、**A**と**D**が正解です。
選択肢BとEのanalyzedbというコマンドはありません。
選択肢Cの--statsというオプションはありません。

6. C ➡ P179

AUTOVACUUMに関する問題です。
AUTOVACUUMが実行するのは、テーブルの排他ロックを取得するVACUUM FULLではなく、SELECTやDMLを同時並行して実行できるVACUUMです（**C**）。このため、通常の運用に大きな影響を与えることはありません。適切でないものを選ぶ問題なので**C**が正解です。

AUTOVACUUMを使用するかどうかは、postgresql.confのautovacuumパラメータで設定します（A）。PostgreSQL 11ではデフォルトでonです。設定の変更を反映するためには、データベースクラスタの再起動が必要です。また、AUTOVACUUMを実行するかどうかは統計情報より判断されるため、統計情報収集コレクタが必要です（B）。統計情報コレクタも、PostgreSQL 11ではデフォルトで起動しています。

AUTOVACUUMは通常、XID周回問題が発生する前に必要なVACUUMを実行します。XIDが過去のトランザクションを凍結させた位置よりpostgresql.confのautovacuum_freeze_max_ageパラメータで指定した分（デフォルトは2億）だけ進むと、「autovacuum=off」と設定していてもAUTOVACUUMが自動的に実行され、XID周回問題を回避します（D）。

7. C ➡ P180

XIDの周回問題に関する問題です。
XIDとは、トランザクションごとに自動的に割り振られるトランザクション識別子です。テーブルの行には、どのトランザクションで挿入、削除されたかを示すXIDが内部的に割り振られています。

XIDの周回問題は、XIDが32bit、つまり最大で約42億個の値しか保持できないことに起因します（**C**）。XIDが周回してしまうと、存在するはずのデータが消失するなどの問題が発生します（D）。これを回避するために、XIDが過去のトランザクションを凍結させた位置よりpostgresql.confの**autovacuum_freeze_max_age**パラメータで指定した分だけ進むとAUTOVACUUMが発生するようになっています（A）。また、何らかの要因でAUTOVACUUMが実行できなかった場合でも、データ破損を避けるため、XIDが周回しそうになるとPostgreSQLは停止する仕様となっています（B）。
適切でないものを選ぶ問題なので、**C**が正解です。

8. A ➡ P180

CLUSTERコマンドに関する問題です。構文は以下のとおりです。

構文 [ ]は省略可能

CLUSTER [VERBOSE] テーブル名 [USING インデックス名]; …… SQLの場合
clusterdb [--verbose | -v] [--table | -t テーブル名] [データベース名] …… OSコマンドの場合

CLUSTERは、テーブルのデータをインデックス順に並べ替えるコマンドです（**A**）。このため、CLUSTERコマンドを使うためにはインデックスが必須です（C）。また、並べ替えがされている間は、テーブルにアクセスすることはできません（D）。このCLUSTERコマンドはVACUUMと同様に、運用管理しやすいようにclusterdbコマンドというOSコマンドが用意されています（B）。
適切でないものを選ぶ問題なので、**A**が正解です。

9. B ➡ P180

REINDEXに関する問題です。

REINDEXは、インデックスを再構築し、古いインデックスのコピーと置き換えるコマンドです。システム運用中にインデックス内にできてしまった空の領域が存在する状態を解消します（D）。

構文は以下のとおりです。

構文 { }は選択

```
REINDEX {INDEX | TABLE | DATABASE | SYSTEM} {データベース名 |
テーブル名 | インデックス名};
```

オプション	説明
INDEX	指定したインデックスを再構築する
TABLE	指定したテーブルの全インデックスを再構築する
DATABASE	現在のデータベースのすべてのインデックスを再構築する。共有システムカタログのインデックスも処理される（A）
SYSTEM	共有システムカタログのインデックスも含め、現在のデータベースのシステムカタログに対するすべてのインデックスを再構築する（C）。ユーザーテーブルのインデックスは処理されない

CONCURRENTLYは、CREATE INDEXのオプションです。REINDEXでは指定できません。適切でないものを選ぶ問題なので、**B**が正解です。

10. C ➡ P181

システムカタログで扱う情報に関する問題です。

システムカタログとは、PostgreSQLの内部情報が格納されるテーブルもしくはビューです。代表的なシステムカタログは以下のとおりです。

【代表的なシステムカタログ】

システムカタログ	説明
pg_class	テーブルの管理（A）
pg_index	インデックスの管理
pg_proc	関数の管理（**C**）
pg_roles	ロールの管理
pg_settings	設定パラメータの詳細情報（B）
pg_stat_activity	現在実行中のSQLに関する情報
pg_stat_all_tables	テーブルの統計情報
pg_type	データ型の管理（D）

表に示したとおり、pg_procはプロセスを管理するものではありません。「pg_procedureの略である」と理解しておくとよいでしょう。したがって、**C**が正解です。

試験対策　表に示した代表的なシステムカタログを押さえておきましょう。

11. A、B

➡ P181

情報スキーマに関する問題です。

情報スキーマはデータベースに定義されているオブジェクトの情報を持つビューです。情報を格納するビューであるという点ではシステムカタログと似ているものですが、システムカタログよりも詳しい情報を得ることができ、テーブルの数もシステムカタログより多くなっています（**A**）。また、標準SQLに準拠しているため、他のRDBMSでも情報取得が可能で、移植性が高いのが特徴です（**B**）。ただし、情報スキーマにはPostgreSQL固有の情報は含まれていないので、PostgreSQLの情報を取得するためにはシステムカタログを利用します。

テーブルはinformation_schemaというスキーマに所属し、所有者はinitdbコマンドの実行時に作成されたスーパーユーザーです（C、D）。

したがって、**A**と**B**が正解です。

【主な情報スキーマ】

情報スキーマ	説明
information_schema.schemata	スキーマの一覧
information_schema.tables	テーブルの一覧
information_schema.triggers	トリガーの一覧
information_schema.views	ビューの一覧

12. C

➡ P181

実行時パラメータに関する問題です。

postgresql.confファイルで設定されるパラメータは、**GUC**（**Grand Unified Configuration**）と呼ばれます（A）。

psql上からGUCに関する操作を行うためのコマンドは次ページの表のとおりです。

※次ページに続く

【GUC操作のためのコマンド】

コマンド	説明
RESET パラメータ	SETなどで設定した値を取り消す（D）
SET パラメータ TO 値	パラメータの値を変更する（**C**）
SHOW パラメータ	現在のパラメータを出力する
SHOW ALL	現在のパラメーター覧を出力する（B）

「SET パラメータ」は「:=」でなく、「=」または「TO」でつなぎます。適切でないものを選ぶ問題なので、**C**が正解です。

13. D ➡ P182

postgresql.confで設定できるパラメータ（GUC）とSETに関する問題です。
SETコマンドはセッション内で永続しますが、**SET LOCAL**はトランザクション内でのみ有効です。トランザクション外でSET LOCALを実行した場合は、その効果はすぐになくなるため、一見、何も実行していないように見えます。設問では、「BEGIN;」から「COMMIT;」までを1つ、その直後のSET LOCALコマンドが1つ、合計2つのトランザクションが実行されます。その後は、セッションレベルの設定が有効になります。したがって、**D**が正解です。

試験対策

PostgreSQLの設定パラメータの枠組みを理解しておきましょう。

- PostgreSQLの設定パラメータは、GUC（Grand Unified Configuration）と呼ばれる
- GUCはpostgresql.confファイルで設定し、サーバ起動時に読み込まれる
- 一部のGUCは、SET文を使ってクライアント接続内のみで限定的に設定値を変更できる
- GUCを反映するには、PostgreSQLのリロードか再起動が必要である

14. D ➡ P182

PostgreSQLの運用とコミュニティに関する問題です。
PostgreSQLの**コミュニティ**は、不具合を修正する義務は負いません(A)。また、不具合の修正はバージョンの最初のリリースから5年というポリシーがあります（B)。それぞれのバージョンでいつまでマイナーリリースアップされるかは、以下のURLからも確認できます。

https://www.postgresql.org/support/versioning

コミュニティに不具合の報告を行う場合は、過去に同様の報告がないかを事

前に確認したほうがよいでしょう（C）。バグ報告に関するガイドラインは、以下のURLも併せて参照してください。

https://www.postgresql.org/docs/current/static/bug-reporting.html

不具合の調査には、別環境でも再現可能なケースがあれば有効です。可能であれば、再現ケースも併せて報告することがコミュニティへの貢献につながります（**D**）。以上より、**D**が正解です。

15. B ➡ P183

テーブルの断片化に関する問題です。
VACUUM FULLは、テーブルの**断片化**解消のための典型的なツールです（A）。clusterdbやCLUSTERコマンドでも、指定したインデックス順に並べ替えを行い、テーブルのサイズを小さくできることもあります（C）。pg_dumpとpsqlによるデータ入れ直しも断片化解消には有効です（D）。

「vacuumdb -all」はすべてのデータベースに対してVACUUMを実行するだけで、テーブルサイズの縮小は行いません。適切でないものを選ぶ問題なので、**B**が正解です。

試験対策

VACUUM、VACUUM FULL、AUTOVACUUMの、それぞれの役割を理解しておきましょう。

VACUUM
- データベースの不要領域の回収（ファイルサイズは減らない）
- XID周回問題の防止
- 統計情報の収集（ANALYZEオプションの場合）

VACUUM FULL
- データベースの不要領域の回収（ファイルサイズ縮小）

AUTOVACUUM
- （FULLでない）VACUUMとANALYZEの自動実行

試験対策

VACUUMとVACUUM FULLについて、以下の注意点を押さえておきましょう。
- VACUUMを実行するには、VACUUMを実行するデータベースユーザーが、テーブルの所有者、スーパーユーザー、データベース所有者のいずれかでなければならない
- VACUUM FULLは、実行中に最大で対象テーブルと同程度のディスク容量を消費する

16. C ➡ P183

PostgreSQLのバージョンアップに関する問題です。
PostgreSQLの**バージョン**は11.1のようにx.yの形式で表され、xの部分を**メジャーバージョン**、yの部分を**マイナーバージョン**と呼びます。

メジャーバージョンが異なるリリース間では、仕様変更や機能追加が行われ、内部的なデータ保存形式に互換性がなくなることがあります（B）。そのため、pg_upgradeのようなツールを使用しない限り、移行にはダンプ・リストアが必要になります（D）。pg_upgradeは、ダンプ·リストアをせずにメジャーバージョンアップができるツールです。

マイナーバージョンが異なるリリース間では、主にバグ修正やセキュリティ脆弱性に対する修正が行われ、内部的なデータ保存形式の互換性は保たれます（A）。そのため、基本的に移行はPostgreSQLのアップデートだけで済みます。しかし、マイナーバージョンアップであってもPostgreSQLサーバを動作させたまま移行することはできません（**C**）。適切でないものを選ぶ問題なので、**C**が正解です。

> **試験対策**
> メジャーバージョンアップとマイナーバージョンアップの違いを理解しておきましょう。
> **メジャーバージョンアップは仕様の追加、変更**
> ・現行のPostgreSQLサーバを停止して新しいメジャーバージョンのPostgreSQLを新規インストール
> ・データベースの移行作業が必要
> **マイナーバージョンアップは不具合または脆弱性に対する修正**
> ・現行のPostgreSQLサーバを停止して新しいメジャーバージョンのPostgreSQLを上書きインストール

17. C ➡ P183

ユーザーの削除に関する問題です。
ユーザーの削除は、**DROP USER**文や**dropuser**コマンドで行います。構文は次のとおりです。

構文

```
DROP USER ユーザー名; …… SQLの場合
dropuser ユーザー名 …… OSコマンドの場合
```

ユーザーがテーブルの所有者である場合、もしくはデータベースの所有者である場合にデータベースユーザーを削除しようとすると、それぞれ以下のようなエラーが発生します（A、B）。

例 ユーザーがテーブルの所有者である場合

```
DETAIL: owner of table tbl
dropuser: removal of role "foo" failed: ERROR:  role "foo"
cannot be dropped because some objects depend on it
DETAIL:  1 object in database testdb
```

例 ユーザーがデータベースの所有者である場合

```
DETAIL: owner of database bar
dropuser: removal of role "foo" failed: ERROR:  role "foo"
cannot be dropped because some objects depend on it
DETAIL:  owner of database testdb
```

また、以前のバージョンではユーザーとグループの概念が用いられていましたが、PostgreSQL 8.1からはユーザーとグループの区別を取り除いた**ロール**という概念が導入されました。ロールは、ユーザーのようにログイン機能を持つことができますし、また、グループのように他のロールをメンバーとして持つことができます。このため、SQLでDROP ROLEを実行することでもユーザーを削除できます（D）。userdelはUNIX系のOSユーザー削除コマンドです（**C**）。適切でないものを選ぶ問題なので、**C**が正解です。

第9章

バックアップ・リストア

■ ディレクトリコピーによるバックアップ

■ 論理バックアップ

■ pg_dump／pg_dumpall

■ リストア

■ PITR

■ WALファイル

■ recovery.conf

□ **1.** ディレクトリコピーによるバックアップの説明として適切でないものを選びなさい。

A. ファイルやディレクトリをコピーするためのOSの標準的なコマンドを使用する
B. バックアップ時は、PostgreSQLサーバを停止する必要がある
C. 基本的にCPUアーキテクチャやOSが異なる環境にはリストアできない
D. PostgreSQLのメジャーバージョンが異なってもリストアできる
E. テーブルスペースを使用している場合は、テーブルスペースのディレクトリもバックアップする必要がある

➡ P201

□ **2.** 論理バックアップを取得するコマンドとして適切なものを2つ選びなさい。

A. backupdb
B. pg_backup
C. pg_dump
D. pg_dumpall
E. pg_dump_all

➡ P201

□ **3.** 論理バックアップの説明として適切でないものを選びなさい。

A. PostgreSQLサーバを停止せずにバックアップできる
B. CPUアーキテクチャやOSが異なるマシンにもリストアできる
C. バックアップファイルのサイズが物理バックアップと比べて大きくなることが多い
D. pg_dumpコマンドまたはpg_dumpallコマンドでバックアップを行う
E. pg_dumpコマンドは、バックアップファイルの形式としてスクリプト形式とバイナリ形式が選択できる

➡ P202

☐ **4.** 論理バックアップで取得したファイルをリストアするときに使用するコマンドとして適切なものを2つ選びなさい。

A. psql
B. restoredb
C. pg_restore
D. pg_restoreall
E. pg_loader

➡ P202

☐ **5.** バイナリ形式のバックアップファイルを取得するpg_dumpコマンドとして適切なものを2つ選びなさい。

A. `pg_dump -F b testdb > testdb.dump`
B. `pg_dump -F c testdb > testdb.dump`
C. `pg_dump -F p testdb > testdb.dump`
D. `pg_dump -F t testdb > testdb.dump`
E. `pg_dump testdb > testdb.dump`

➡ P202

☐ **6.** スクリプト形式のバックアップファイルのリストア方法として適切なものを2つ選びなさい。

A. `psql testdb < testdb.sql`
B. `psql -f testdb.sql testdb`
C. `psql testdb testdb.sql`
D. `pg_restore -d testdb < testdb.sql`
E. `pg_restore -d testdb testdb.sql`

➡ P203

☐ **7.** pg_dumpコマンドによるバックアップに含まれるものを選びなさい。

A. postgresql.conf
B. pg_hba.conf
C. ロール情報
D. ラージオブジェクト
E. エラーログ

➡ P203

8. pg_dumpコマンドの説明として適切でないものを選びなさい。

A. データはデフォルトでCOPY文の形式でダンプされる
B. バックアップ中は、ロックにより更新クエリーがブロックされる
C. 任意のテーブル、スキーマを指定してバックアップできる
D. データ定義（スキーマ）のみをバックアップできる
E. データのみをバックアップできる

➡ P203

9. SQLのCOPYコマンドに関する説明として適切でないものを選びなさい。

A. テーブルのデータをクライアントマシンにファイル出力できる
B. ファイルからテーブルに行をコピーできる
C. ファイル名を指定したCOPYはスーパーユーザーでのみ実行可能
D. ファイルとテーブルのデータ交換を行う
E. カラムの区切り文字をデフォルトのTABから別の文字へ変更できる

➡ P204

10. 以下のコマンドの説明として適切でないものを2つ選びなさい。

```
psql -U foo -c "COPY warehouse TO stdout;" bar
```

A. テーブルwarehouseが読めない場合、エラーが発生する
B. テーブルwarehouseのデータがタブ区切りで出力される
C. ユーザーfooがスーパーユーザーでない場合はエラーになる
D. データベースbarに接続する
E. テーブルwarehouseのデータが「stdout」という名前のファイルに書き込まれる

➡ P204

11. pg_restoreコマンドでリストアできるファイルを生成するコマンドとして適切なものを2つ選びなさい。

A. `pg_dump testdb > testdb.sql`
B. `pg_dump -F t testdb > testdb.sql`
C. `pg_dump -F c testdb > testdb.sql`
D. `pg_dumpall > testdb.sql`
E. `pg_dumpall -g > testdb.sql`

➡ P205

□ **12.** **PITRの説明として適切でないものを選びなさい。**

A. 障害発生時の直前まで復旧できる
B. ベースバックアップ時は、PostgreSQLサーバを停止する必要がある
C. CPUアーキテクチャやOSが異なる環境では利用できない
D. PostgreSQLのメジャーバージョンが異なる場合は利用できない
E. ベースバックアップとアーカイブログを使用する

➡ P205

□ **13.** **以下のコマンドの説明として適切なものを2つ選びなさい。**

```
pg_basebackup -h 192.168.1.101 -p 5433 -D foo -Xn
```

A. 実行中にデータの変更が発生すると失敗する
B. 取得したバックアップデータはPITRのベースバックアップとして使うことができる
C. 取得したバックアップデータはそのままの状態でPostgreSQLを起動できる
D. -Xnオプションを付与すると、バックアップ中に新たに作成されたトランザクションログがバックアップデータに含まれる
E. リモートホストのPostgreSQLサーバのバックアップも取得できる

➡ P206

□ **14.** **パラメータの値を変更した際にPostgreSQLサーバの再起動が必要ないものを2つ選びなさい。**

A. wal_level
B. archive_mode
C. archive_command
D. archive_timeout
E. hot_standby

➡ P207

□ **15.** **archive_commandに設定したコマンドが失敗したときの動作として適切なものを選びなさい。**

A. PostgreSQLサーバが停止する
B. 実行中のトランザクションがアボートする
C. WALファイルが上書きされなくなる
D. 正常時と変わらない
E. 接続を受け付けなくなる

➡ P208

□ **16.** **recovery.confの説明として適切でないものを2つ選びなさい。**

A. PostgreSQLをリカバリモードで起動するために用いる
B. データベースクラスタ内に配置するファイルである
C. recovery_end_timeにタイムスタンプを設定すると、その時点でリカバリ処理を終了する
D. restore_commandにアーカイブログを適用するためのシェルコマンドを設定する
E. リカバリが完了すると、recovery.confがrecovery.finishに自動リネームされる

➡ P208

第9章　バックアップ・リストア
解　答

1.　D　➡ P196

ディレクトリコピーによるバックアップに関する問題です。
ディレクトリをコピーしてバックアップを行うには、tarやcp、rsync、cpio、dumpなどのOSの標準的なコマンドを用いて、データベースクラスタディレクトリをコピーします（A）。
テーブルスペースを使用しているなど、データベースクラスタディレクトリ以外のディレクトリにもデータがある場合は、それらもコピーする必要があります（E）。
リストア方法は、コピーしたディレクトリ、ファイルを元の位置に戻すだけです。

ディレクトリコピーによるバックアップは簡単で、通常はSQL形式で取る論理バックアップよりも短時間で済みますが、PostgreSQLサーバを停止しなければならないという制約があります（B）。
そのほかに、基本的にCPUアーキテクチャやOSが異なったり、PostgreSQLのメジャーバージョンが異なる場合は、リストアできません（C、**D**）。適切でないものを選ぶ問題なので、**D**が正解です。

2.　C、D　➡ P196

論理バックアップに関する問題です。
論理バックアップとは、SQLの形式でバックアップを取得することをいいます。PostgreSQLで論理バックアップを行うには、付属の**pg_dump**コマンドもしくは**pg_dumpall**コマンドを使用します。基本的にpg_dumpコマンドはデータベース単位でバックアップし、pg_dumpallコマンドはデータベースクラスタ全体をバックアップします。その他の選択肢のコマンドは存在しません。したがって、**C**と**D**が正解です。

試験対策
pg_dumpコマンドとpg_dumpallの機能と使い方を押さえておきましょう。

3. C

➡ P196

論理バックアップに関する問題です。

論理バックアップは、pg_dumpコマンドまたはpg_dumpallコマンドで行います（D）。

バックアップファイルの形式は、**pg_dump**コマンドは**スクリプト形式**と**バイナリ形式**が選択でき、**pg_dumpall**コマンドはスクリプト形式のみとなります（E）。

論理バックアップは、PostgreSQLサーバが稼働した状態で実施します（A）。

論理バックアップは、ディレクトリコピーによるバックアップと異なり、CPUアーキテクチャやOSが異なる環境にもリストアでき、PostgreSQLをメジャーバージョンアップしたあとのデータのリストアにも使用できます（B）。

論理バックアップで取得したファイルのサイズは、不要領域やインデックスのデータが含まれない分、多くの場合はディレクトリコピーによるバックアップと比べて小さくなります（**C**）。適切でないものを選ぶ問題なので、**C**が正解です。

4. A、C

➡ P197

リストアに関する問題です。

論理バックアップで取得したファイルのリストアには、**スクリプト形式**であれば**psql**コマンドを使用し、**バイナリ形式**であれば**pg_restore**コマンドを使用します。その他の選択肢のようなコマンドは存在しません。したがって、**A**と**C**が正解です。

5. B、D

➡ P197

pg_dumpコマンドに関する問題です。

pg_dumpコマンドは、オプションを省略した場合、**スクリプト形式**でバックアップを取得します。

バックアップの内容をファイルに書き出すには、シェルの**リダイレクト**を使用するか、または**-f**オプションでファイル名を指定します。

バイナリ形式には、PostgreSQL独自のカスタム形式、tar形式、ディレクトリ形式の3種類があり、カスタム形式の場合は**-F**オプションで**c**または**custom**を、tar形式の場合は**t**または**tar**を、ディレクトリ形式の場合は**d**または**directory**を指定します。したがって、**B**と**D**が正解です。

pg_dumpコマンドの-Fオプションでpまたはplainを指定した場合は、オプションを省略したときと同様に、スクリプト形式でバックアップを取得します。

6. A、B ➡ P197

リストアに関する問題です。
スクリプト形式のバックアップファイルをリストアするには、**psql**コマンドを使用します。
pg_restoreコマンドは、バイナリ形式のバックアップファイルにしか利用できません。
psqlコマンドでバックアップファイルをリストアするには、**-f**オプションでバックアップファイルを指定するか、**リダイレクト**を使用します。したがって、**A**と**B**が正解です。

7. D ➡ P197

論理バックアップに関する問題です。
論理バックアップには、設定ファイルが含まれません。そのため、**postgresql.conf**ファイルや**pg_hba.conf**ファイルなどは、別途コピーする必要があります（A、B）。
また、**エラーログ**のファイルもバックアップに含まれないので、運用方針に従ってバックアップを取得しておく必要があります（E）。

pg_dumpコマンドはデータベースごとにバックアップを行うため、ロールやテーブルスペースのようなデータベースをまたがるデータのバックアップは取得できません（C）。こうしたデータは**グローバルオブジェクト**と呼ばれ、**pg_dumpall**コマンドの**-g**オプションでバックアップを取ることが可能です。グローバルオブジェクトのリストアは、データベースのデータをリストアする前に行います。

ラージオブジェクトは、デフォルトでpg_dumpコマンドが生成するバックアップファイルに含まれるため、バックアップ対象を限定しない限り、別途バックアップする必要はありません（**D**）。したがって、**D**が正解です。

8. B ➡ P198

pg_dumpコマンドに関する問題です。
pg_dumpは、デフォルトでデータを**COPY**文の形式でダンプします（A）。
--insertsオプションを指定すると**INSERT**文の形式でもダンプできます。
INSERT文はCOPY文よりも低速になりますが、他のRDBMSにデータをロードする場合に有用です。
pg_dumpは、実行した時点の一貫性のあるバックアップを取得できますが、更新クエリーをブロックすることはありません（**B**）。
また、pg_dumpは任意のテーブルやスキーマを指定してバックアップできるほか、データ定義（スキーマ）のみ、データのみなどのバックアップも可能です（C、D、E）。
適切でないものを選ぶ問題なので、**B**が正解です。

9. A ➡ P198

SQLのCOPYコマンドに関する問題です。
COPYコマンドには次のような特徴があります。

- テーブルのデータを外部ファイルに書き出したり、外部ファイルの内容をテーブルに取り込んだりできる（B、D）
- ファイル名を指定したCOPYコマンドの実行は、データベースのスーパーユーザーのみに許可されている（C）
- 構文はpsqlの¥COPYコマンドと同じ
- 外部ファイルはバックエンドプロセスのユーザーからアクセスできるファイルを指定する必要がある
- 区切り文字をデフォルトから変更できる（E）

COPYコマンドはSQLとしてサーバ側で処理されるため、クライアントマシンのファイルにアクセスすることはできません。適切でないものを選ぶ問題なので、**A**が正解です。

10. C、E ➡ P198

SQLのCOPYコマンドに関する問題です。
SQLの**COPYコマンド**は、テーブルとファイルの間でデータをコピーするときに使います。構文は以下のとおりです。

構文 { }は選択

```
COPY テーブル名 TO {'ファイル名' | stdout};
```

stdoutは標準出力を示し、デフォルトは画面への出力です（**E**）。

カラムの区切り文字は、テキストモードでは**タブ**、CSVモードでは**カンマ**になります。また、SQLのCOPYコマンドでstdoutは標準出力を表し、stdinは標準入力を表します。TO stdoutではフロントエンドへデータが出力され、FROM stdinではフロントエンドからデータ取り込みが行われます。そのほかに、psqlの¥**COPY**コマンドは一般ユーザーでも実行可能ですが、ファイル名を指定したSQLのCOPYコマンドの場合はスーパーユーザーのみ実行可能です。しかし、stdinやstdoutを指定する場合は、一般ユーザーでもCOPYが実行できます（**C**）。適切でないものを選ぶ問題なので、**C**と**E**が正解です。

11. B、C

➡ P198

pg_restoreコマンドに関する問題です。
pg_restoreコマンドでは、**バイナリ形式**のバックアップファイルのみリストアできます。
pg_dumpallコマンドと、オプションを指定していないpg_dumpコマンドは、スクリプト形式のバックアップファイルを生成します（A、D、E）。
pg_dumpコマンドでバイナリ形式のバックアップファイルを生成するには、-Fオプションでc（custom）、t（tar）、d（directory）のいずれかを指定します。
したがって、**B**と**C**が正解です。

試験対策

pg_restoreの機能を押さえておきましょう。

12. B

➡ P199

PITRに関する問題です。
PITR（Point-In-Time Recovery）とは、障害発生時の直前を含む任意の時点に復旧するためのリカバリ手法です（A）。
PITRは、バックアップ・リストアの方法として利用することができます。
PITRによるバックアップは、**データベースクラスタディレクトリ**と**WALログ**をコピーすることによって行います。WAL（Write-Ahead Logging）ログは、一般的なRDBMSの用語では**トランザクションログ**と呼ばれます。

データベースクラスタディレクトリのコピーを**ベースバックアップ**、WALログのコピーを**アーカイブログ**と呼びます。
ベースバックアップは、ファイルやディレクトリをコピーするためのOS標準のコマンドを使用する点でディレクトリコピーによるバックアップと似ていますが、PostgreSQLサーバを停止する必要はありません（**B**）。
リストア（リカバリ）には、データベースクラスタディレクトリのコピーであるベースバックアップを使用するため、CPUアーキテクチャやOS、PostgreSQLのメジャーバージョンが異なる場合は利用できません（C、D）。
適切でないものを選ぶ問題なので、**B**が正解です。

PITRにおけるバックアップデータは、ベースバックアップと、データベースに行われた変更に応じて蓄積されるアーカイブログ群です（E）。**ベースバックアップ**とは、データベースクラスタの物理コピーです。**アーカイブログ**とは、WALファイルのコピーです。**WALファイル**とはデータベースクラスタ内のpg_walディレクトリに生成されるファイルで、データベースに行われたすべての変更内容が記述されています。デフォルト設定では、WALファイルは不要になると自動削除されてしまいますが、設定変更すると削除される前にアーカイブ（保管）することができます。

PITRにおけるリカバリは、ベースバックアップをデータベースクラスタとして配置し、蓄積したアーカイブログを順次適用して、データを復旧します。アーカイブログの適用方法は**recovery.conf**ファイルに記述します。リカバリの完了地点は、ベースバックアップ取得時点から適用できるアーカイブログが存在するまでの任意の時点です。

PITRの仕組みは、以下の図のようなイメージです。

【PITRの仕組みのイメージ】

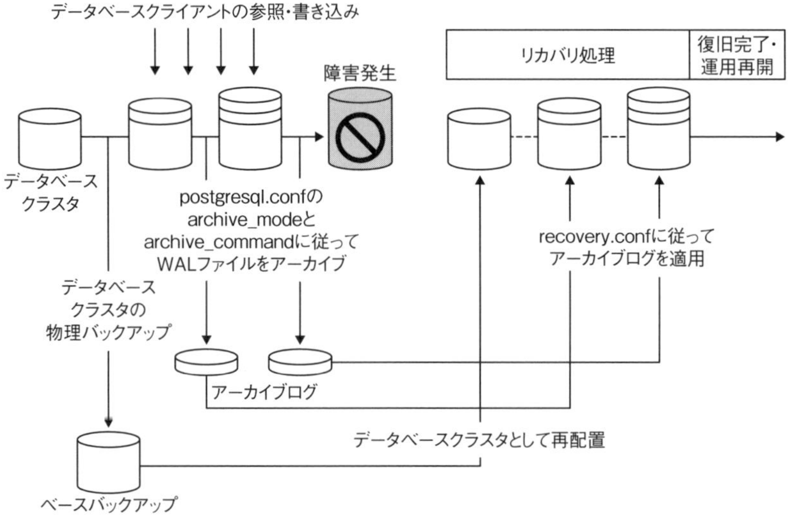

試験対策

PITRの仕組みを理解しておきましょう。

13. B、E

➡ P199

pg_basebackupコマンドに関する問題です。
pg_basebackupコマンドを使うと、PostgreSQLサーバを停止することなくデータベースクラスタの物理コピーを取得することができます。**-D**オプションでバックアップの出力先ディレクトリを指定します。
pg_basebackupコマンドの実行中、データベースクライアントはその影響を受けることはなく、SQLを実行できます。データの変更操作によってpg_basebackupコマンドが失敗することはありません（A）。
取得されたバックアップデータはデータベースクラスタの物理コピーなので、PITRのベースバックアップとして使うことができます（**B**）。
設問で付与されている**-Xn**オプションは、バックアップに必要なトランザクションログをバックアップデータに含めないというオプションです（D）。したがって、設問のコマンドで取得されたバックアップデータはそのままの状態でPostgreSQLを起動することができません（C）。-Xnオプションは、主にPITR向けのベースバックアップを取得する際に付与するオプションです。PITRの場合、トランザクションログは別途アーカイブログとして取得するので、バックアップデータ内に含める必要がありません。また、**-h**オプションと**-p**オプションを使って、リモートで起動しているPostgreSQLのデータベースクラスタの物理コピーも取得可能です（**E**）。したがって、**B**と**E**が正解です。

試験対策
バックアップ、リストアで用いるPostgreSQLコマンドの基本的な使い方を理解しておきましょう。

14. C、D

➡ P199

PITRに関する問題です。
選択肢のパラメータは、WALに関するものです。各パラメータの意味は以下のとおりです。

【WALに関するパラメータ】

パラメータ	説明
archive_command	WALファイルをアーカイブするためのシェルコマンドを指定する。デフォルトは空文字列。通常、アーカイブする場合はファイルのコピーコマンドを記述する。設定値は設定ファイルの再読み込みで反映可能（**C**）
archive_mode	WALファイルをアーカイブするかどうかを設定する。デフォルトはoff。設定値はサーバの起動時に反映される（B）
archive_timeout	WALファイルを強制的にアーカイブするための時間を設定する。デフォルトは0。設定値は設定ファイルの再読み込みで反映可能（**D**）
hot_standby	リカバリ中に参照クエリーを処理できるようにするかどうかを設定する。デフォルトはon。設定値はサーバの起動時に反映される（E）
wal_level	WALに書かれる情報量を設定する。値は、minimal、replica、logicalの3種類で、デフォルトはreplica。設定値はサーバの起動時に反映される（A）

以上より、**C**と**D**が正解です。

15. C ➡ P200

PITRに関する問題です。
archive_commandには、WALファイルをコピーするためのシェルコマンドを設定します。設定したシェルコマンドが成功したかどうかは、終了コードによって判断されます。
シェルコマンドが0以外の終了コードを返した場合は、アーカイブが失敗したと判断され、WALファイルが上書きされなくなります。そして、アーカイブが成功するまでWALファイルが蓄積され続けます。したがって、**C**が正解です。

試験対策

archive_modeとarchive_commandを設定すると、WALファイルのアーカイブができます。ただし、設定が有効である限りアーカイブログは溜まり続けるため、ディスク容量に注意が必要です。
アーカイブの削除は、データベース管理者が行う必要があります。PITRの運用をしている場合、ベースバックアップを新たに取得してリカバリの起点を更新すれば、それ以前のアーカイブログは不要となるので削除できます。

16. C、E ➡ P200

recovery.confファイルに関する問題です。
recovery.confファイルは、ベースバックアップとアーカイブログを使ってPITRを行う際のリカバリ設定ファイルとして利用されたり、PostgreSQLのストリーミングレプリケーションの待機系を構築する際に利用されます。

recovery.confファイルがデータベースクラスタ内にある状態でPostgreSQLを起動すると、PostgreSQLはリカバリモードで起動します（A、B）。
recovery.confの書式はpostgresql.confと同様に「パラメータ名 = 値」です。値が文字列の場合は、シングルクォーテーション「'」で囲みます。

PITRによるリカバリはデータベースクラスタのコピーであるベースバックアップと、トランザクションログのコピーであるアーカイブログを使います。ベースバックアップに対して、蓄積したアーカイブログを順次適用することで、データのリカバリを行います。**restore_command**にアーカイブログを適用するためのシェルコマンドを設定します（D）。このとき、**recovery_target_time**にタイムスタンプを設定しておくと、アーカイブログの適用をその時点で停止してリカバリモードを終了し、PostgreSQLが起動するようになります。recovery_end_timeというパラメータはありません（**C**）。また、リカバリモードを終了してPostgreSQLが起動すると、recovery.confは**recovery.done**というファイル名にリネームされます（**E**）。適切でないものを選ぶ問題なので、**C**と**E**が正解です。

試験対策

PostgreSQLのバックアップ戦略を理解しておきましょう。

戦略	バックアップ方法	バックアップ対象	リストア／リカバリ方法	リストア／リカバリ地点
論理※	PostgreSQLを起動したままpg_dump	データベース	バックアップデータをpsqlまたはpg_restoreで投入	バックアップ取得時点
論理※	PostgreSQLを起動したままpg_dumpall	全データベース	バックアップデータをpsqlで投入	バックアップ取得時点
物理※	PostgreSQLを起動したままpg_basebackup	データベースクラスタ	バックアップデータをデータベースクラスタに再配置	バックアップ取得時点
物理※	PostgreSQLを停止してOSコマンドでコピー	データベースクラスタ	バックアップデータをデータベースクラスタに再配置	バックアップ取得時点
PITR	物理バックアップとアーカイブログを併用	データベースクラスタ／トランザクションログ	バックアップデータをデータベースクラスタに再配置後、アーカイブログを適用する	バックアップ取得時点から適用できるアーカイブログが存在するまでの任意の時点

※論理＝論理バックアップ、物理＝物理バックアップ

第10章

総仕上げ問題

■ 問題数：50問

■ 試験時間：90分

□ **1.** 同一のデータ項目の繰り返しを含まないことを条件とする正規形として適切なものを選びなさい。

A. 非正規形
B. 第一正規形
C. 第二正規形
D. 第三正規形
E. ボイス・コッド正規形

➡ P234

□ **2.** トランザクション管理機能の説明として適切なものを選びなさい。

A. 不正アクセスからデータベースを保護する
B. データベースの定義と操作を行う
C. 障害発生時に復旧を行う
D. データベースの操作の一貫性を保証する
E. 複数のユーザーがデータベースを同時に操作しても矛盾が生じないようにする

➡ P234

□ **3.** PostgreSQLに関連するプロジェクトでSQLを初めて採用したものを選びなさい。

A. Ingres
B. Postgres
C. Postgres95
D. PostgreSQL

➡ P235

□ **4.** PostgreSQLが対応していないものを選びなさい。

A. 外部キー
B. MERGE文
C. トリガー
D. ユーザー定義関数
E. カーソル

➡ P235

5. 和の演算を行うSQLのキーワードとして適切なものを選びなさい。

A. UNION
B. INTERSECT
C. JOIN
D. EXCEPT
E. WHERE

➡ P236

6. PostgreSQLの多言語対応に関する説明として、適切なものを2つ選びなさい。

A. 英語以外の言語をデータベースに格納したい場合は、configureコマンドの--enable-nlsオプションで使用したい言語を指定する必要がある
B. 文字エンコーディングがUTF8で格納したデータをpsql上でEUC_JPで取り出したい場合は、「SET NLS_ENCODING TO 'EUC';」を実行する
C. データベースごとにロケールを設定することができる
D. データベースごとの文字エンコーディングは「psql -l」コマンドで確認できる
E. SJISのデータベースクラスタを作成したい場合は、「initdb -E SJIS_JP」を実行する

➡ P236

7. データベースクラスタの説明として適切なものを選びなさい。

A. データベースクラスタを作成するためにはcreatedbコマンドを使用する
B. データベースクラスタは高可用性を確保するための機能で、1つのデータベースが停止してもフェイルオーバーすることにより、サービスを継続することができる
C. pg_ctl initdbコマンドでデータベースクラスタを作成することができる
D. データベースクラスタを作成することで、データベースごとに起動、停止ができるようになる

➡ P237

☐ **8.** 以下の要件に沿ったデータベースクラスタを作成するためのコマンドとして適切なものを選びなさい。

【要件】
・日本語でデータを格納する
・日本のロケールに依存しないシステムであるため、ロケールは設定しない

なお、OSの環境変数は以下のとおりである。

```
LANG ja_JP.UTF-8
PGDATA /usr/local/pgsql/data
```

A. `initdb -E  ASCII --locale=ja_JP.utf8 -D $PGDATA`
B. `initdb --encoding SJIS -D $PGDATA`
C. `initdb --encoding UTF8 --no-locale -D $PGDATA`
D. `initdb -E UTF8 -D $PGDATA`

➡ P237

☐ **9.** データベースクラスタのファイル、ディレクトリ構造の説明として適切でないものを選びなさい。

A. baseディレクトリにはユーザーが登録した実データなどが保存されている
B. pg_xactにはコミットログが保存されている
C. pg_xlogにはWALファイルが保存されている
D. globalにはすべてのデータベースに必要な共通の情報が保存されている

➡ P238

☐ **10. postgresql.confの各パラメータに関する説明として適切でないものを選びなさい。**

A. portのデフォルトは5432であるため、同一サーバ内で複数のデータベースクラスタを同時に起動する際はポート番号を変更する必要がある
B. デフォルトのshared_buffersは128MBなので、必要に応じてサイズを大きくする
C. デフォルトのlogging_collectorはOSなので、エラーを監視する場合はOSのエラーログを確認する
D. デフォルトのautovacuumはonなので、vacuumは必要に応じて自動的に実施される

➡ P238

☐ **11. postgresql.confのmax_connectionsパラメータの値を検討している。値を決定する際の考え方として適切なものを選びなさい。**

A. max_connectionsの設定変更を反映するためにはPostgreSQLの再起動が必要になる。このため、max_connectionsにはできるだけ大きな値を設定するほうがよい
B. max_connectionsの設定変更を反映するためにはPostgreSQLの再起動が必要になる。しかし、接続数が最大となってもエラーを返すことはなく、前の処理が終わり次第、順次実行されるため、最低限の数値を設定しておけばよい
C. superuser_reserved_connectionsはmax_connectionsに含まれるため、max_connectionsは実際に発生するアプリケーションからの接続に加えてスーパーユーザーからの接続を加えて見積もる必要がある
D. max_connectionsはデータベースクラスタ内のデータベースごとに設定できるため、管理者は各データベースの用途を理解しておく必要がある

➡ P238

☐ **12.** **次のinitdbコマンドを実行した場合にエラーにならないものを選びなさい。ただし、特に指定がない限り、実行するのはPostgreSQLをインストールしたpostgresユーザーであり、/var/lib/pgsql/11/dataへ適切な権限が設定されているものとする。**

A. `initdb --encoding=UTF8 --no-locale`
ただし、環境変数PGDATAはセットされていない

B. `initdb --encoding=UTF8 --no-locale -D /var/lib/pgsql/11/data`
ただし、/var/lib/pgsql/11/dataにはpostgresql.confのみが作成されている

C. `initdb --encoding=UTF8 --no-locale -D /var/lib/pgsql/11/data`
ただし、/var/lib/pgsql/11/data2に別のデータベースクラスタが作成されており、起動している

D. `initdb --encoding=UTF8 --no-locale -D /var/lib/pgsql/11/data`
ただし、rootユーザーで実行する

➡ P239

☐ **13.** **postgresql.confのパラメータに関する説明として適切でないものを選びなさい。**

A. redirect_stderrを設定することで、$PGDATA/pg_log以下にログメッセージをリダイレクトする
B. log_connectionsをonに設定するとクライアントがPostgreSQLに接続した際にログが出力されるようになるが、接続を切断したことを記録するにはlog_disconnectionsもonにする必要がある
C. log_checkpointsをonに設定するとチェックポイントが発行された際にログが出力されるようになる
D. log_statementにはnone、ddl、mod、およびallを指定でき、DDL文だけを記録するなど、出力するSQLを絞り込むことができる

➡ P240

☐ **14.** 以下のinitdbコマンドで作成したデータベースクラスタに、EUC_JPのtestdbデータベースを作成するコマンドとして適切なものを選びなさい。

```
initdb --encoding UTF8 --no-locale
```

A. `createdb -E EUC_JP -T template0 testdb`
B. `createdb -E EUC_JP -T template1 testdb`
C. `createdb -E EUC_JP testdb`
D. `createdb -e EUC_JP testdb`

➡ P240

☐ **15.** createuserコマンドの対話的質問として適切でないものを2つ選びなさい。

A. Shall the new role be a superuser?
B. Shall the new role be allowed to create databases?
C. Shall the new role be allowed to create tables?
D. Shall the new role be allowed to create more new roles?
E. Shall the new role be allowed to do login?

➡ P241

☐ **16.** データベース一覧を表示するpsqlコマンドのオプションを2つ選びなさい。

A. --list
B. --dblist
C. -L
D. -D
E. -l

➡ P241

☐ **17.** server1というホストの5433ポートに接続するためのpsqlコマンドとして適切なものを選びなさい。

A. `psql -H server1 -p 5433 testdb user1`
B. `psql -h server1 -p 5433 testdb user1`
C. `psql -H server1:5433 testdb user1`
D. `psql server1:5433 user1@testdb`
E. `psql user1@server1:5433/testdb`

➡ P241

18. データベースサーバが稼働しているホスト上でしか実行できないコマンドを選びなさい。

A. createdb
B. createuser
C. pg_ctl
D. pg_dump
E. psql

➡ P242

19. 参照制約が設定されているテーブルdummytblを削除するために、次のようなSQL文を実行した。dummytblは被参照テーブルである。

```
DROP TABLE dummytbl CASCADE;
```

CASCADEオプションに関する説明として適切なものを選びなさい。

A. CASCADEオプションを指定することで、参照テーブルが削除される
B. CASCADEオプションを指定することで、参照制約が削除される
C. CASCADEオプションを指定することで、参照テーブルが持つ行のデータが削除される
D. CASCADEオプションを指定することで、被参照テーブルのみが削除され、制約は残る

➡ P242

20. 以下のデータが格納されているテーブルがある。

```
SELECT * FROM tab_a;
 id | data1 | data2
----+-------+-------
  1 | AAA   | BBB
  2 | AAA   | CCC
  3 | AAA   | DDD
  4 | BBB   | EEE
  5 | CCC   | FFF
  6 | DDD   | GGG
(6 rows)
```

上記のテーブルから以下のような結果を出力するSQL文として、適切なものを選びなさい。

```
 id | data1 | data2
----+-------+-------
  6 | DDD   | GGG
  5 | CCC   | FFF
  4 | BBB   | EEE
  1 | AAA   | BBB
  2 | AAA   | CCC
  3 | AAA   | DDD
(6 rows)
```

A. `SELECT * FROM tab_a ORDER BY 2 DESC ,3 ASC;`
B. `SELECT * FROM tab_a ORDER BY data1,data2 DESC;`
C. `SELECT * FROM tab_a ORDER BY data1, ORDER BY data2;`
D. `SELECT * FROM tab_a ORDER BY 1 ,3 DESC;`

➡ P242

21. 以下のデータが格納されているテーブルがある。

```
SELECT * FROM accounts;
aid | bid | abalance | filler
----+-----+----------+-------
  1 |   0 |       10 | DATA1
  2 |   1 |       10 | DATA1
  3 |   2 |          | DATA1
  4 |   3 |       20 | DATA1
  5 |   4 |          | DATA1
  6 |   5 |       20 | DATA1
  7 |   6 |       20 | DATA1
(7 rows)
```

```
SELECT * FROM tellers;
aid | bid | tbalance | filler
----+-----+----------+-------
  1 |   0 |       10 | DATA1
  2 |   1 |       10 | DATA1
  3 |   2 |       10 | DATA1
  4 |   7 |       20 | DATA1
  5 |   8 |       20 | DATA1
(5 rows)
```

以下のSQL文で戻される行数として適切なものを選びなさい。

```
SELECT a.aid,t.aid,t.tbalance,a.abalance FROM tellers t
FULL OUTER JOIN accounts a USING (bid);
```

A. 3行
B. 5行
C. 7行
D. 9行

➡ P243

22. 以下のデータが格納されているテーブルがある。

```
SELECT * FROM tab_1;
 id |   data
----+----------
  1 | TOKYO
  2 | YOKOHAMA
  3 | CHIBA
  4 | SAITAMA
(4 rows)
```

```
SELECT * FROM tab_2;
 id |   data
----+----------
  5 | NEW YORK
  2 | YOKOHAMA
  7 | CANBERRA
(3 rows)
```

この2つのテーブルから6行取り出すSQL文として、適切なものを選びなさい。

A. `SELECT * FROM tab_1 UNION SELECT * FROM tab_2;`
B. `SELECT * FROM tab_1 UNION ALL SELECT * FROM tab_2;`
C. `SELECT * FROM tab_1 FULL OUTER JOIN SELECT * FROM tab_2;`
D. `SELECT * FROM tab_1 OUTER JOIN SELECT * FROM tab_2;`

➡ P243

☐ **23.** 以下のように定義されたテーブルがある。

```
                   Table "public.t1"
Column |          Type          | Collation | Nullable | Default
--------+-----------------------+-----------+----------+---------
id     | integer               |           |          |
name   | character varying(10) |           |          |
```

```
                   Table "public.t2"
Column |          Type          | Collation | Nullable | Default
--------+-----------------------+-----------+----------+---------
id     | integer               |           |          |
seimei | character varying(10) |           |          |
```

上記のテーブルに対して以下のSQLを実行した。このときの結果に関する説明として適切なものを選びなさい。

```
SELECT * FROM t1 NATURAL JOIN t2;
```

A. ON句がないのでエラーとなる
B. 正しく結合される
C. USING句が指定されていないためエラーとなる
D. NATURAL句を指定しなければ正常に実行できる

➡ P245

☐ **24.** 男子20名、女子20名で構成される生徒の4科目の成績が格納されている表がある。この中から理科と社会の合計が100点以上の女子の生徒名と点数を表示するSQL文として適切なものを選びなさい。

A.
```
SELECT sname,SUM(point) "total" FROM score
WHERE sex = '女子' AND subject IN ('理科','社会')
GROUP BY sname HAVING SUM(point) >= 100
ORDER BY "total" DESC;
```

B.
```
SELECT sname,SUM(point) "total" FROM score
WHERE SUM(point) >= 100 GROUP BY sname
HAVING sex = '女子' AND subject IN ('理科','社会')
ORDER BY SUM(point) DESC;
```

C.
```
SELECT sname,SUM(point) FROM score
WHERE sex = '女子' AND subject IN ('理科','社会')
GROUP BY sname ORDER BY SUM(point) DESC
HAVING SUM(point) >= 100;
```

D.
```
SELECT sname,SUM(point) FROM score
WHERE sex = '女子' AND subject = '理科' OR subject = '社会'
GROUP BY sname HAVING SUM(point) >= 100
ORDER BY SUM(point) DESC;
```

➡ P245

□ 25. **以下のSQL文を実行した。最後のSELECT文の結果として適切なものを選びなさい。**

```
CREATE TABLE cities (id INTEGER PRIMARY KEY, name TEXT);
BEGIN;
INSERT INTO cities VALUES (1, 'Tokyo');
SAVEPOINT sp1;
UPDATE cities SET name = 'Paris' WHERE id = 1;
SAVEPOINT sp2;
INSERT INTO cities VALUES (2, 'Chicago');
ROLLBACK TO sp2;
SELECT * FROM cities;
```

A. 1, Tokyo
   2, Chicago
B. 1, Paris
   2, Chicago
C. 1, Tokyo
D. 1, Paris
E. 空

➡ P246

26. 以下のSQL文を実行した。このときに起きていることを表す用語として適切なものを選びなさい。

```
1: BEGIN;
2: SELECT * FROM cities;
   id | name
  ----+-------
    1 | Tokyo
3: SELECT * FROM cities;
   id | name
  ----+-------
    1 | Tokyo
    2 | Paris
4: COMMIT;
```

A. 反復不能読み取り
B. ファジーリード
C. ファントムリード
D. ダーティリード

➡ P246

27. 以下のエラーメッセージが発生する可能性のあるトランザクション分離レベルを選びなさい。

```
ERROR:  could not serialize access due to concurrent
update
```

A. READ UNCOMMITED
B. READ COMMITED
C. REPEATABLE READ
D. SERIALIZABLE

➡ P246

28. テーブルt1のデータの参照を許可し、更新を許可しないテーブルロックをかけるSQL文として適切なものを選びなさい。

A. `LOCK TABLE t1 IN ACCESS SHARE;`
B. `LOCK TABLE t1 IN SHARE ROW EXCLUSIVE;`
C. `LOCK TABLE t1 IN ACCESS SHARE MODE;`

D.　LOCK TABLE t1 IN SHARE ROW EXCLUSIVE MODE;
E.　LOCK TABLE t1 IN ACCESS EXCLUSIVE MODE;

➡ P246

☐ **29**. PostgreSQLのデフォルトのトランザクション分離レベルを選びなさい。

A.　READ UNCOMMITED
B.　READ COMMITED
C.　REPEATABLE READ
D.　SERIALIZABLE

➡ P247

☐ **30**. 以下のSQL文の結果として適切なものを選びなさい。なお、△は半角スペースを表す。

```
SELECT substring('OSS-DB△Exam△Silver△' from 7 for 12);
```

A.　△Exam△Silver
B.　Exam△Silver△
C.　Exam△Silver
D.　△Exam△Silver△

➡ P247

☐ **31**. 以下のSQL文で作成される関数の説明として適切でないものを選びなさい。

```
CREATE FUNCTION one() RETURNS INTEGER
AS 'SELECT 1 AS RESULT;'
LANGUAGE SQL;
```

A.　oneという名前の関数を作成している
B.　戻り値として数値を返す関数である
C.　実行すると1を返す関数である
D.　使用する言語はSQLである
E.　任意の引数を取ることができる

➡ P249

□ 32. 以下のSQL文に関する説明として、適切でないものを2つ選びなさい。

```
 1: CREATE OR REPLACE FUNCTION ret_emp(INT)
 2: RETURNS SETOF VARCHAR(10) LANGUAGE plpgsql AS $$
 3: DECLARE
 4:   empname emp.ename%type;
 5: BEGIN
 6:   FOR empname IN SELECT ename FROM emp WHERE deptno=$1 LOOP
 7:       RETURN NEXT empname;
 8:   END LOOP;
 9:   RETURN QUERY SELECT ename FROM emp WHERE deptno=$1;
10: EXCEPTION
11:   WHEN OTHERS THEN
12:     RAISE NOTICE 'ERROR OCCURED ERRCODE= %',sqlstate;
13: END;$$
```

A. 変数empnameはテーブルempのカラム数と同じ数の要素を持つ
B. 整数を引数に取り、複数行の文字列を返す可能性がある
C. 6～8行目と9行目は同じ意味である
D. 例外が発生すると10行目以降の処理が行われる
E. 引数は、定義はされているが、使用はされていない

➡ P249

□ 33. 以下は、テーブルproductを変更したときにトリガーから呼び出される関数の定義である。この関数に関する説明として適切でないものを2つ選びなさい。

```
CREATE FUNCTION product_log() RETURNS TRIGGER AS $$
  BEGIN
    INSERT INTO product_log VALUES (NEW.id,CURRENT_TIMESTAMP);
    NEW.id := NEW.id - 10;
    RETURN NEW;
  END; $$
  LANGUAGE plpgsql;
```

A. DELETEトリガーの関数として動作する場合、カラムidから削除する前の値はテーブルproduct_logに格納される
B. UPDATEトリガーの関数として動作する場合、変更後のカラムidの値はテーブルproduct_logに格納される

C.　INSERTトリガーの関数として動作する場合、挿入後のカラムidの値はテーブルproduct_logに格納される

D.　トリガーの定義がBEFOREの場合、テーブルproductのカラムidの値は新しい値から−10されたものになる

E.　トリガーの定義がAFTERの場合、テーブルproductのカラムidの値は新しい値から−10されたものになる

➡ P249

□ **34.** 以下のSQL文の説明として適切なものを2つ選びなさい。ただし、カラムid（INTEGER型）とカラムdata（TEXT型）を持つテーブルmytableは存在するものとする。

```
CREATE FUNCTION myfunc(INTEGER) RETURNS text
LANGUAGE plpgsql STRICT AS '
DECLARE
  x ALIAS FOR $1;
  r text := ''default'';
BEGIN
  IF x > 100 THEN
   SELECT INTO r data FROM mytable WHERE id = x;
  END IF;
  RETURN r;
END;';
```

A.　データベースにplpgsqlが登録されていないとエラーになる

B.　SELECT myfunc(123)を実行するとエラーになる

C.　SELECT myfunc(NULL)を実行するとNULLが返る

D.　SELECT myfunc(0)を実行すると「default」が返る

E.　SELECT myfunc(-123)の実行結果はテーブルmytableのデータの内容によって変化する

➡ P250

35. 編集したpg_hba.confファイルの設定を、既存のセッションを切断せずに直ちに適用するコマンドとして適切なものを選びなさい。

A. pg_ctl graceful
B. pg_ctl condrestart
C. pg_ctl restart
D. pg_ctl restart -m smart
E. pg_ctl reload

➡ P250

36. 以下のCOPY文の実行権限をuser1ロールに与えるSQL文として適切なものを選びなさい。

```
COPY t1 FROM STDIN;
```

A. GRANT EXECUTE ON t1 TO user1;
B. GRANT COPY_FROM ON t1 TO user1;
C. GRANT COPY ON t1 TO user1;
D. GRANT UPDATE ON t1 TO user1;
E. GRANT INSERT ON t1 TO user1;

➡ P251

37. 以下のSQL文を順番に実行したときのアクセス権限として適切なものを2つ選びなさい。

```
CREATE TABLE foo (id INTEGER);
GRANT SELECT ON foo TO user1;
REVOKE SELECT ON foo FROM public;
```

A. user1ロールはfooテーブルを参照できる
B. user1ロールはfooテーブルを参照できない
C. スーパーユーザーはfooテーブルを参照できる
D. スーパーユーザーはfooテーブルを参照できない
E. テーブルを作成したロールはfooテーブルを参照できない

➡ P251

□ **38.** アクセス権限の設定に関する説明として適切でないものを選びなさい。

A. オブジェクトの所有者は、自身が持つ権限を取り消すことができる
B. テーブルのアクセス権限は行ごとに設定できる
C. オブジェクトの所有者以外のロールがそのオブジェクトに対する権限を与えることができる
D. テーブルのアクセス権限は¥dpコマンドで確認できる
E. 1つのGRANT文で対象のオブジェクトに対するすべての権限を与えることができる

➡ P252

□ **39.** ログに関するパラメータを以下のように設定した。ログファイルが生成される場所として適切なものを選びなさい。

```
log_destination = 'stderr'
logging_collector = on
log_directory = 'log'
```

A. $PGDATA/log
B. $PGDATA/global/log
C. /home/postgres/log
D. /var/log/log
E. /log

➡ P252

□ **40.** VACUUMの説明として、適切でないものを選びなさい。

A. データベースの不要領域を回収する
B. XID周回エラーの防止のための処理を行う
C. ANALYZEオプションを付けて同時にanalyzeを行うことにより、統計情報を収集できる
D. 指定したインデックス順にデータを並べ替える

➡ P252

☐ **41.** システムカタログの説明として適切なものを選びなさい。

A. メジャーバージョンが上がると仕様が変更される可能性がある
B. 通常のテーブルと同じように操作できるので自由に書き換えることが推奨されている
C. およそ500個のシステムテーブルが存在する
D. どのようにシステムを組めばよいかなど、システム構成の紹介が多数掲載されている

➡ P253

☐ **42.** 以下の中から、正常に実行できるコマンドを選びなさい。

A. SET client_encoding TO UTF8;
B. SET max_connections TO on;
C. SET shared_buffers TO 64M;
D. SET logging_collector TO on;

➡ P253

☐ **43.** psqlから以下のコマンドを実行した。返される結果の組み合わせとして、適切なものを選びなさい。

```
 RESET client_encoding;
 SHOW client_encoding;
 client_encoding
-----------------
 UTF8
(1 row)

SET client_encoding TO 'EUC_JP';

BEGIN;
RESET client_encoding;

SHOW client_encoding;  …… ①

SET client_encoding TO 'SJIS';
COMMIT;

SHOW client_encoding;  …… ②
```

A.　① UTF8　② SJIS
B.　① EUC_JP　② EUC_JP
C.　① SJIS　② SJIS
D.　① SJIS　② EUC_JP

➡ P254

☐ **44.** ANALYZEに関する説明として適切なものを選びなさい。

A.　テーブルへのアクセス回数や物理読み込みが発生した回数など、テーブルのアクセスに関する統計情報を取得するためのコマンドである
B.　プランナが実行計画を策定するための統計情報を取得するためのコマンドである
C.　OSコマンドラインからはanalyzedbを実行する
D.　ANALYZEを実行することでインデックスとテーブル間の整合性に異常がないかチェックすることができる

➡ P254

☐ **45.** pg_dumpコマンドのバージョンよりも新しいメジャーバージョンのPostgreSQLに対して、pg_dumpコマンドを実行したときの動作として適切なものを選びなさい。

A.　バックアップ時にエラーが発生する
B.　バックアップ時に警告メッセージが出る
C.　リストア時にエラーが発生する
D.　リストア時に警告メッセージが出る
E.　バックアップ、リストアは問題なくできる

➡ P254

☐ **46.** 以下のpg_restoreコマンドでリストアできるファイルを生成するコマンドとして適切なものを選びなさい。

```
pg_restore -j 4 -d testdb testdb.dump
```

A.　`pg_dump testdb > testdb.dump`
B.　`pg_dump -F t testdb > testdb.dump`
C.　`pg_dump -F c testdb > testdb.dump`
D.　`pg_dumpall > testdb.dump`
E.　`pg_dumpall -g > testdb.dump`

➡ P254

47. psqlコマンドでリストアできるファイルを生成するコマンドとして適切でないものを2つ選びなさい。

A. `pg_dump testdb > testdb.sql`
B. `pg_dump -F t testdb > testdb.sql`
C. `pg_dump -F c testdb > testdb.sql`
D. `pg_dumpall > testdb.sql`
E. `pg_dumpall -g > testdb.sql`

➡ P255

48. WALファイルのデフォルトのサイズとして適切なものを選びなさい。

A. 8MB
B. 16MB
C. 32MB
D. 64MB
E. 128MB

➡ P255

49. 以下のarchive_commandに対応するrestore_commandとして適切なものを選びなさい。

```
archive_command = 'cp %p /mnt/server/archivedir/%f'
```

A. `restore_command = 'cp /mnt/server/archivedir %p'`
B. `restore_command = 'cp %f /mnt/server/archivedir/%p'`
C. `restore_command = 'cp %p /mnt/server/archivedir/%f'`
D. `restore_command = 'cp /mnt/server/archivedir/%f %p'`
E. `restore_command = 'cp /mnt/server/archivedir/%p %f'`

➡ P255

50. テーブルt1、t2には次のデータが格納されている。

```
 t1
id | name
----+-------
 1 | DATA1
 2 | DATA2
 3 | DATA3
 4 | DATA4
 5 | DATA5

 t2
id | name
----+-------
 1 | DATA1
 3 | DATA2
 5 | DATA3
 7 | DATA1
```

以下のSQL文で戻される行数として適切なものを選びなさい。

```
SELECT * FROM t1
WHERE EXISTS (SELECT * FROM t2 WHERE id=3);
```

A. 0行
B. 1行
C. 4行
D. 5行

➡ P256

第10章　総仕上げ問題
解　答

1.　B

➡ P212

正規化に関する問題です。
非正規形から第三正規形までの詳細については、第1章の解答5～8を参照してください。

同一のデータ項目の繰り返しを含まないことを条件とする正規形は、**第一正規形**です。したがって、**B**が正解です。
選択肢Eの**ボイス・コッド正規形**は、第三正規形をより完全にしたものです。
第三正規形は、第二正規形の段階で非キー属性が候補キーに完全関数従属していることが確実になります。しかし、対象が非キー属性に限定されているために、候補キーを構成するカラム間の関数従属性が考慮されておらず、冗長なデータが残ってしまう可能性があります。
そこで、ボイス・コッド正規形では、非キー属性に限定せずに候補キー以外のすべての列が候補キーに完全関数従属するという条件を満たすことで、冗長なデータをより完全に取り除くことを実現しています。

2.　D

➡ P212

DBMSの機能に関する問題です。
各選択肢に関する説明は以下のとおりです。

A.　機密保護管理に関する説明です。
B.　データベース管理に関する説明です。
C.　障害回復管理に関する説明です。
D.　トランザクション管理に関する説明です。
E.　同時実行制御に関する説明です。

したがって、**D**が正解です。

3. C ➡ P212

PostgreSQLの歴史に関する問題です。
PostgreSQLに関連するプロジェクトの概要を以下に示します。

●Ingres（1977〜1985）

Ingresは、最も初期に実装されたRDBMSの1つです。カリフォルニア大学バークレー校（UCB）において、UNIX上で開発されました。問い合わせ言語にはQUELを採用しています（A）。

●Postgres（1986〜1994）

Ingresの後継ということでPostgresと名付けられました。マイケル・ストーンブレーカー（Michael Stonebraker）教授を中心とし、UCBで開発が行われました。このときにオブジェクト指向の要素が取り入れられました（B）。

●Postgres95（1994〜1995）

すでに外部公開されていたPostgresをUCBの大学院生アンドリュー・ユー（Andrew Yu）とジョリー・チェン（Jolly Chen）が改良したのちに公開されました。問い合わせ言語がSQLとなり、標準化、性能、信頼性、移植性の向上が図られました（**C**）。

●PostgreSQL（1996〜）

開発者二人の大学院卒業をきっかけにしてPostgres95プロジェクトが終了し、現在のボランティア団体に引き継がれてPostgreSQLという名称になりました。バージョンは、Postgresプロジェクトの連番を引き継ぎ6.0からスタートしました（D）。

以上より、**C**が正解です。

4. B ➡ P212

PostgreSQLの機能に関する問題です。
各選択肢に関する説明は以下のとおりです。

A. 外部キーは、テーブルの指定カラムの値が他のテーブルの指定カラムに存在しなければならないことを強制する制約です。テーブルの参照整合性を維持する目的で設定されます。
B. MERGE文とは、テーブルにデータを格納する際、すでにデータが存在している場合はUPDATEを実行し、データが存在していなければINSERTするSQLです。PostgreSQLでは実装されていません。
C. トリガーは、テーブルに対する操作を検知して自動的に指定された操作を行う機能です。

D. ユーザー定義関数は、名前のとおりユーザーが定義した関数のことで、PostgreSQLではさまざまな言語で関数を作成することができます。

E. カーソルは、クエリーの結果にアクセスする際に使われる現在位置を保持するデータ構造です。

したがって、**B**が正解です。

5. A

➡ P213

リレーショナル代数演算に関する問題です。
選択肢のキーワードと演算の対応関係は以下のとおりです。

【SQLのキーワードと演算の対応】

キーワード	演算
UNION	和
EXCEPT	差
INTERSECT	交差
JOIN	結合
WHERE	選択

以上より、**A**が正解です。

6. C、D

➡ P213

PostgreSQLの多言語対応に関する問題です。
configureコマンドの--enable-nlsは、英語以外の言語によるプログラムのメッセージ表示機能を有効にするためのオプションです（A）。多言語対応のために、configureコマンド実行時に必要なオプションはありません。
psql上でクライアントの文字エンコーディングを設定する場合にはSET CLIENT_ENCODING TOコマンドを使用します（B）。また、SJISの文字エンコーディングは指定できません（E）。SJISのデータを取り扱いたい場合は、UTF8もしくはEUCの文字エンコーディングで格納し、CLIENT_ENCODINGでSJISのデータとして取り出す方法などを検討する必要があります。

PostgreSQL 8.4から、データベースごとにロケールの指定ができるようになりました（**C**）。また、次のようにpsqlコマンドで文字エンコーディングを確認することができます（**D**）。

例 ロケールの確認

```
$ psql -l
  Name     | Owner    | Encoding |  Collate   |   Ctype    |  Access privileges
-----------+----------+----------+------------+------------+---------------------
japandb    | postgres | UTF8     | ja_JP.utf8 | ja_JP.utf8 |
postgres   | postgres | UTF8     | C          | C          |
template0  | postgres | UTF8     | C          | C          | =c/postgres         +
           |          |          |            |            | postgres=CTc/postgres
template1  | postgres | UTF8     | C          | C          | =c/postgres         +
           |          |          |            |            | postgres=CTc/postgres
(4 rows)
```

以上より、**C**と**D**が正解です。

7. C

➡ P213

データベースクラスタに関する問題です。
createdbはデータベースを作成するコマンドです（A）。
データベースクラスタにはクラスタという名前が付いていますが、HAクラスタのような機能はありません（B）。また、データベースクラスタを使ったからといってデータベースごとの起動、停止ができるようなことはありません（D）。
PostgreSQL 9.0よりpg_ctlコマンドにinitdbオプションが使えるようになりました。このオプションでデータベースクラスタを作成することができます（**C**）。したがって、**C**が正解です。

8. C

➡ P214

文字エンコーディングとロケールの組み合わせを問う問題です。
initdbコマンドは、**--encoding**または**-E**オプションでデフォルトの文字エンコーディングを指定できます。
ASCIIはAmerican Standard Code for Information Interchangeの略で、アルファベットなどを扱う文字エンコーディングです。このため日本語を格納するには不適切です（A）。また、文字エンコーディングにSJISは使えません（B）。
デフォルトのロケールは環境変数LANGに設定されます。設問の環境変数はLANG=ja_JP.UTF8と設定されているため、デフォルトのロケールはja_JPになります。このため、設問の要件である「ロケールを設定しない」ためには**--no-locale**オプションが必要なので、Dは適切ではありません。したがって、**C**が正解です。

9. C ➡ P214

データベースクラスタのファイル構造に関する問題です。
createdbコマンドなどで作成されたデータベースの実ファイルは**base**ディレクトリ以下に保存されます(A)。いずれのデータベースも数値で表されるディレクトリで表記され、どのデータベースと対応しているかを確認するためにはoid2nameというcontribにあるプログラムを利用する必要があります。
pg_xactには各々のトランザクションがコミットされたかを確認するためのファイルが保存されています（B)。

WALファイルが保存されるのはpg_walです（**C**)。

globalにはすべてのデータベースで必要なテーブル、たとえばpg_db_role_settingなどのシステムカタログなどが保存されています（D)。

適切でないものを選ぶ問題なので、**C**が正解です。

10. C ➡ P215

postgresql.confの各パラメータに関する問題です。
logging_collectorパラメータのデフォルト値はoffに設定されています。このため、エラーは標準エラーに出力され、OSのエラーログには何も記録されていません。適切でないものを選ぶ問題なので、**C**が正解です。
実際に運用を行う環境でpostgresql.confのlogging_collectorが適切に設定されていない場合はエラーを収集できず、重大な障害が発生しても原因がわからなくなってしまう可能性があります。また、ログの出力先は**log_destination**で、stderr（標準エラー）のほか、csvlogやsyslog、eventlogに設定することができます。その他の選択肢はすべて正しい説明です。

11. C ➡ P215

max_connectionsの考え方に関する問題です。
max_connectionsはその設定値に合わせて起動時にマシンリソースを獲得するため、ただ大きく設定すればよいというものではありません。また、接続数が最大値に達するとエラーが発生します（A、B)。
superuser_reserved_connectionsはmax_connectionsに含まれるため、max_connectionsはスーパーユーザーの数を含めて考慮が必要です（**C**)。
max_connectionsはデータベースクラスタ単位で設定し、データベース単位で設定するものではありません（D)。
したがって、**C**が正解です。

12. C

➡ P216

データベースクラスタの作成に関する問題です。

選択肢Aのように、PGDATAが設定されていない環境では、-Dオプションにディレクトリ名を指定してinitdbを実行する必要があります。

例 選択肢Aの条件でinitdbを実行した場合のエラー

```
initdb: no data directory specified
You must identify the directory where the data for this
database system will reside.  Do this with either the
invocation option -D or the environment variable PGDATA.
```

また、initdbで指定したディレクトリは必ず空でなければなりません。

例 選択肢Bの条件でinitdbを実行した場合のエラー

```
initdb: directory "/var/lib/pgsql/11/data" exists but is
not empty
If you want to create a new database system, either remove or
empty the directory "/var/lib/pgsql/11/data" or run initdb
with an argument other than "/var/lib/pgsql/11/data".
```

initdbはrootユーザーでは実行できません。

例 選択肢Dの条件でinitdbを実行した場合のエラー

```
initdb: cannot be run as root
Please log in (using, e.g., "su") as the (unprivileged)
user that will own the server process..
```

データベースクラスタはそれぞれ独立しており、存在するデータベースディレクトリ以外を指定すれば、initdbを実行してもエラーになることはありません。したがって、**C**が正解です。

13. A

➡ P216

postgresql.confの各パラメータに関する問題です。
設問にあるとおり、**log_connections**はクライアントからの接続をログに出力しますが、切断も記録するためには**log_disconnections**の設定も必要です（B）。ログの出力はシステムの負荷を高めるため、システムの状況に応じて必要な設定のみを行うことが重要です。

log_checkpointsは、チェックポイントを記録するパラメータです。チェックポイントはディスクへのアクセスを行うため、パフォーマンスに影響を与える可能性があります。パフォーマンスが劣化した時間にチェックポイントが頻繁に発行されていなかったかを確認したい場合に有効です（C）。

log_statementは、SQLが発行されたことを確認する際に使用します。文中にあるとおり、発行されたSQLによってログに残すかどうかを選択できます。これも、ログ出力による負荷を制御したい場合に有効です（D）。

redirect_stderrは、PostgreSQL 8.2まで使用されていたパラメータです。PostgreSQL 8.3から**logging_collector**に変更されました（**A**）。

適切でないものを選ぶ問題なので、**A**が正解です。

14. A

➡ P217

createdbコマンドのオプションに関する問題です。
問題文のinitdbコマンドを実行すると、文字エンコーディングがUTF8のテンプレートデータベースが作成されます。
createdbコマンドで**-T**オプションを指定せずに実行した場合、新しいデータベースはtemplate1データベースを複製して作成されます。
しかし、template1データベースはユーザーが変更できるため、UTF8のデータが含まれている可能性があります。
そこで、文字エンコーディングがデフォルトと異なるデータベースを作成する場合は、ユーザーが変更不可能なtemplate0データベースを使用する必要があります。
仮に「-T template0」を指定せずに実行すると、以下のエラーが発生します。

例 -T template0を指定しなかった場合のエラーメッセージ

```
createdb: database creation failed: ERROR:  new encoding
(EUC_JP) is incompatible with the encoding of the template
database (UTF8)
HINT:  Use the same encoding as in the template database,
or use template0 as template.
```

選択肢Dで使用されている-eオプションは、createdbコマンドが送信したSQLコマンドを表示するオプションです。
以上より、**A**が正解です。

15. C、E

➡ P217

createuserコマンドに関する問題です。
createuserコマンドを**--interactive**オプション付きで実行した場合の質問内容は、スーパーユーザー権限、データベース作成権限、ロール作成権限に対するものです。
テーブル作成権限やログイン権限については質問されません。適切でないものを選ぶ問題なので、**C**と**E**が正解です。

16. A、E

➡ P217

psqlコマンドに関する問題です。
psqlコマンドでデータベース一覧を表示するオプションは**-l**（**--list**）です。したがって、**A**と**E**が正解です。
選択肢Bの--dblist、選択肢Dの-Dというオプションはありません。
選択肢Cの-Lは--log-fileオプションの短縮形で、すべての問い合わせの出力を、引数に指定したファイルと標準出力に書き出すオプションです。

17. B

➡ P217

psqlコマンドに関する問題です。
psqlコマンドでリモートホストのデータベースに接続するには、**-h**（**--host**）オプションで接続先のホスト名を指定し、-p（--port）オプションでポート番号を指定します。したがって、**B**が正解です。

18. C ➡ P218

PostgreSQLのコマンドに関する問題です。
pg_ctl以外のコマンドは、-h（--host）オプションでホストを指定してリモートのPostgreSQLサーバに対してコマンドを実行できます。
しかし、PostgreSQLの起動や停止などを行う**pg_ctl**コマンドは、リモートでは実行できません。したがって、**C**が正解です。

19. B ➡ P218

参照制約の削除に関する問題です。
参照整合性を維持するテーブルのうち、**CASCADE**オプションを指定して被参照テーブルを削除した場合、制約が削除されます（**B**）。被参照テーブルが存在しない状態で制約のみが残ることはありません（D）。また、参照テーブルや、参照テーブルの行のデータは削除されません（A、C）。
したがって、**B**が正解です。

20. A ➡ P219

ORDER BYの文法を問う問題です。
ORDER BYを使用することで出力を昇順、降順に並べ替えることができます。構文は以下のとおりです（ORDER BYのみ抜粋）。

構文 [ ]は省略可能。{ }は選択

```
ORDER BY {カラム名 | カラムを指す数字} [ASC | DESC]
[NULLS {FIRST | LAST} ] [, ...]
```

複数のカラムを指定する場合はカンマ「,」で区切ります。デフォルトでは昇順で並べ替えが行われます。降順で並べ替えたい場合はDESCオプションを使用します。また、カラム名ではなく、テーブルの定義された順番の数値で代用することもできます。

設問のテーブルは、id、data1、data2の順で定義されているため、「ORDER BY 2,3」とすると、「ORDER BY data1,data2」と同じ結果が返ります。
設問では、カラムdata1が降順でソートされ、'AAA'の3行についてはカラムdata2で昇順に整列されます。したがって、**A**が正解です。

21. D

➡ P220

外部結合のFULL OUTER JOINに関する問題です。
FULL OUTER JOINの場合、両方のテーブルに存在しない行を含めて結合が行われます。

設問の場合、テーブルtellersとテーブルaccountsで内部結合が返す結果は、bidが0、1、2の行です。テーブルtellers（5行）＋テーブルaccounts（7行）－内部結合で取り出される行数（3行）＝9行が取り出されます。

例 設問の結合結果

```
 aid | aid | tbalance | abalance
-----+-----+----------+----------
   1 |   1 |       10 |       10
   2 |   2 |       10 |       10
   3 |   3 |       10 |
   4 |     |          |       20
   5 |     |          |
   6 |     |          |       20
   7 |     |          |       20
     |   4 |       20 |
     |   5 |       20 |
(9 rows)
```

上記の結果となるので、**D**が正解です。

22. A

➡ P221

UNIONに関する問題です。
2つのテーブルの結果を1つにまとめるには**UNION**を使います。UNIONは検索結果から重複行を削除しますが、**UNION ALL**は重複した行も返します。構文は以下のとおりです。

構文

```
クエリー1 UNION クエリー2
クエリー1 UNION ALL クエリー2
```

前述のとおり、UNIONは重複行を削除するので、idが2、dataがYOKOHAMAの重複は削除され、6行取り出されます（**A**）。UNION ALLの場合は重複した行も含め、7行取り出されます（B）。

選択肢CとDは外部結合を行っています。FULL OUTER JOINを使った場合、次のように6行の結果を返すことができますが、UNIONを使った場合とは異なり、それぞれ使い分けが必要であることがわかります。

例 UNIONを使った場合

```
SELECT * FROM tab_1 UNION SELECT * FROM tab_2;
 id |   data
----+----------
  2 | YOKOHAMA
  1 | NEW YORK
  1 | TOKYO
  3 | CHIBA
  3 | CANBERRA
  4 | SAITAMA
(6 rows)
```

例 完全外部結合の場合

```
SELECT * FROM tab_1 FULL OUTER JOIN tab_2 USING (id);
 id |   data   |   data
----+----------+----------
  1 | TOKYO    |
  2 | YOKOHAMA | YOKOHAMA
  3 | CHIBA    |
  4 | SAITAMA  |
  5 |          | NEW YORK
  6 |          | CANBERRA
(6 rows)
```

したがって、**A**が正解です。

23. B

➡ P222

JOINを使った結合の構文に関する問題です。
JOINを使った結合には、複数の記述方法があります。最も基本的な構文は**ON**句を使う方法です。たとえば以下のように、ON句の後ろに結合するカラムを指定します。

例 ON句を使用してテーブルt1とt2を結合

```
t1 JOIN t2 ON (t1.id = t2.id)
```

また、結合するカラム名が同じ場合には、次の例のようにUSINGを使うことで簡潔に記述することができます。

例 USINGを使用して結合

```
t1 JOIN t2 USING (id)
```

さらに、結合するテーブルの構造が同じ場合、設問のようにJOINを**NATURAL**で修飾することで、カラムの指定を省略できます。

例 NATURAL JOINを使用して結合

```
t1 NATURAL JOIN t2
```

したがって、**B**が正解です。

24. A

➡ P222

グループ関数と演算の優先順位についての問題です。
WHERE句はグループ化する前、**HAVING**句はグループ化したあとに条件に従ったフィルタを行います。このため、**A**は正しく、Bは適切ではありません。また、**ORDER BY**句はクエリー文の最後に記述する必要があるため、Cも適切ではありません。Dは正常に実行されますが、女子で理科と社会の合計が100点以上の行と、男子で社会が100点の行が返されます。このため、社会が100点の男子生徒が抽出され、意図した結果と異なります。
したがって、**A**が正解です。

25. D ➡ P223

SAVEPOINT文に関する問題です。
ROLLBACK文で、**セーブポイント**sp2の時点までの処理を取り消しているので、7行目のINSERT文の処理は取り消されています。そのため、最後のSELECT文の結果は、最初のINSERT文とUPDATE文の処理結果のみが反映されたものになります。したがって、**D**が正解です。

26. C ➡ P224

トランザクションの分離性に関する問題です。
トランザクション内で、以前読み込んだデータを再度読み込んだときに、以前存在しなかったデータを結果として得ています。これは、**ファントムリード**の現象です。したがって、**C**が正解です。

27. D ➡ P224

トランザクション分離レベルに関する問題です。
設問の「ERROR: could not serialize access due to concurrent update」は、**SERIALIZABLE**レベルで発生する可能性のあるエラーです。したがって、**D**が正解です。
このエラーは、SERIALIZABLEレベルでトランザクションを開始したあとに、他のトランザクションによって更新された行をさらに更新しようとすると発生します。SERIALIZABLEレベルは、最も厳密にトランザクションが分離される一方で、このように更新操作が失敗する恐れがあります。

28. D ➡ P224

LOCKコマンドおよびロックモードに関する問題です。
明示的にテーブルにロックをかけるには、**LOCK**コマンドを使用します。
参照を許可して更新を許可したくない場合は、参照系のクエリーが獲得する**ACCESS SHARE**モードと**ROW SHARE**モードの2つと競合しないSHARE ROW EXCLUSIVEモードを使用します（第5章の解答19の表【ロックモードの競合状況】を参照）。したがって、**D**が正解です。

29.　B
➡ P225

トランザクション分離レベルに関する問題です。
PostgreSQLのデフォルトのトランザクション分離レベルは、処理速度と分離性のバランスが取れた**READ COMMITED**です。したがって、**B**が正解です。
そのためデフォルトでは、反復不能読み取りやファントムリードが発生する可能性があります。

30.　A
➡ P225

文字列関数に関する問題です。
substring関数は、指定した文字列から部分的に文字列を取り出します。構文は以下のとおりです。

構文　[　]は省略可能

```
substring(文字列 [from 数値] [for 数値])
```

文字列には、取り出しの対象となる文字列全体を指定します。
FROMでは、指定した文字列の先頭を1文字目として何文字目から取り出すのかを数値で指定します。
FORでは、取り出したい文字列の文字数を数値で指定します。指定文字列の文字数を超える指定をした場合は、文字列の最後まで返します。
また、半角スペースは1つの文字として扱われます。

設問のsubstring関数は、取り出しの対象である「OSS-DB△Exam△Silver△」の7文字目のスペースから12文字を取り出しているので、「△Exam△Silver」を返します。したがって、**A**が正解です。

そのほかに、次のような文字列関数があります。

【文字列関数】

文字列関数	説明
char_length	文字列の文字数を戻す
lower	文字列を小文字に変換する
upper	文字列を大文字に変換する
replace	文字列を置換する
trim	文字列中の特定の文字を削除する

上記の各文字列関数の構文は次のとおりです。

※次ページに続く

構文 [　]は省略可能

```
char_length(文字列)
lower(文字列)
upper(文字列)
replace(文字列, 置換対象の文字列, 置換文字列)
trim([leading | trailing | both] [削除文字列] from 文字列)
```

例 文字列関数の実行例

```
Test=# SELECT char_length('jose');
 char_length
-------------
           4

Test=# SELECT lower('TOM');
 lower
-------
 tom

Test=# SELECT upper('tom');
 upper
-------
 TOM

Test=# SELECT replace('abcdefabcdef', 'cd', 'XX');
   replace
--------------
 abXXefabXXef

Test=# SELECT trim('x' from 'xApplexx');
 btrim
-------
 Apple
(1 row)
```

31. E

➡ P225

ユーザー定義関数の作成に関する問題です。

ユーザー定義関数の作成は、**CREATE FUNCTION**文で行います。CREATE FUNCTION文では、関数の名前、戻り値、使用言語、実行時のオプションや行いたい処理を指定します。

設問では、INTEGER型の戻り値を返す関数oneを定義しています（A、B)。「SELECT one();」を実行すると、シングルクォーテーション「'」の中で記述したSQLを実行し結果を返します（C)。使用する言語にはSQLを指定しています（D)。関数が引数を受け取る場合はカッコ「()」にデータ型のリストを記述しますが、引数を取らない場合は記述しません（**E**)。

適切でないものを選ぶ問題なので、**E**が正解です。

32. A、E

➡ P226

PL/pgSQLの文法についての問題です。

設問の関数ret_empはINTEGER型の引数を取り、その値を条件にテーブルempの結果を返す処理をPL/pgSQLで記述した関数です。

各選択肢に関する説明は以下のとおりです。

A. %typeではなく%rowtypeの説明です。「empname emp.ename%type;」は、テーブルempのカラムenameと同じ型を表します。したがって、説明は誤りです。

B. 「RETURNS SETOF VARCHAR(10)」は、戻り値型が複数行を返す場合に指定します。

C. PostgreSQL 8.3から実装されたRETURN QUERYは、従来のRETURN NEXTのカーソルループよりも簡単に結果集合を返すことができます。6～8行目はSELECT文の結果でループします。9行目も同様の処理です。

D. EXCEPTION部は、PL/pgSQLの処理中に例外が発生すると処理が途中でも制御が遷移し、特別に定義した例外処理を行います。

E. INTEGER型の引数は6行目と9行目のSELECT文の引数として使用されています。したがって、説明は誤りです。

適切でないものを選ぶ問題なので、**A**と**E**が正解です。

33. A、E

➡ P226

トリガーから呼び出される関数の定義に関する問題です。

トリガーから呼び出される関数の戻り値はtrigger型である必要があります。また、RETURNではNULLもしくは行と同じ構造を返す必要があります。

トリガーから呼び出される関数では、特別な変数NEWとOLDを利用することができます。
NEWは、INSERTもしくはUPDATE時に定義され、挿入あるいは更新後の行の内容が格納されます（B、C）。
OLDは、DELETEもしくはUPDATE時に定義され、変更前あるいは削除前の行の内容が格納されます。設問の関数の定義ではNEWが指定されています。選択肢**A**はDELETE発行時の説明なので、適切ではありません。

また、トリガー定義でBEFOREが指定されている場合は、トリガーから呼び出される関数でNEWの値を変更し、戻り値に変更したNEWを返すことで、INSERTもしくはUPDATEする値そのものをトリガーによって変更することができます（D）。
選択肢**E**は、AFTERが指定された場合の説明なので適切ではありません。

適切でないものを選ぶ問題なので、**A**と**E**が正解です。

34. C、D

➡ P227

CREATE FUNCTION文に関する問題です。
「LANGUAGE plpgsql」で、使用するプログラミング言語としてPL/pgSQLを指定しています。plpgsqlはデフォルトで使えるようになっているので登録の必要はありません（A）。
宣言部の「x ALIAS FOR $1;」では、変数xを関数の引数「$1」の別名として宣言しています。実行部の「IF x > 100 THEN」では、xが100を超えるとSELECTが実行され（B）、変数rにカラムdataの値が代入されます。したがって、xが100以下ではSELECTは実行されません（E）。
100以下では「RETURN r;」のみが実行されるため、変数rのデフォルト値「default」を返します（**D**）。
また、引数にNULLが渡されたときの動作としてSTRICTが設定されているため、中のコードは実行されずNULLが戻されます（**C**）。
したがって、**C**と**D**が正解です。

35. E

➡ P228

クライアント認証に関する問題です。
編集した**pg_hba.conf**ファイルの設定を直ちに反映させるには、設定ファイルの再読み込みを行います。再読み込みを行うコマンドは**pg_ctl reload**です。
したがって、**E**が正解です。

設定ファイルの内容は、PostgreSQLを再起動しても反映されますが、再起動の間はデータベースにアクセスできなくなるため、サービスに影響が出ます。

PostgreSQLを再起動するには、**pg_ctl restart**を実行します。
再起動は、停止してから起動する処理になるため、停止時と同じように-mオプションで停止モードを指定できます。モードは、smart、fast、immediateの3種類です。

-mオプションにsmartを指定すると、既存のセッションが切断するのを待ってから停止し、再起動します（D）。そのため、既存のセッションには影響を与えませんが、切断を待っている間は新規接続が拒否されます。既存のセッションが長時間接続している場合は、デフォルトで60秒待機して再起動を中断します。
-mオプションにfastを指定するか、-mオプションを省略すると、既存のセッションを切断して直ちに再起動します（C）。immediateは緊急停止を意味し、通常は使用しません。immediateを指定して停止すると、起動時にリカバリ処理が行われます。

設問では、設定を直ちに適用するコマンドを問われているので、選択肢Dのpg_ctl restartは適切ではありません。
選択肢Aのpg_ctl graceful、および選択肢Bのpg_ctl condrestartというコマンドはありません。

36. E

➡ P228

GRANT文に関する問題です。
COPY文を実行するには、**COPY TO**の場合はSELECT権限、**COPY FROM**の場合はINSERT権限が必要になります。したがって、**E**が正解です。
選択肢BのCOPY_FROMや選択肢CのCOPYというキーワードはありません。

37. A、C

➡ P228

アクセス権限に関する問題です。
すべてのロールは、そのロールに直接許可された権限、現在属しているロールに許可された権限、PUBLICに許可された権限の3種類を合わせた権限を持っています。

設問では、user1にSELECT権限が与えられているため、PUBLICからSELECT権限を取り消したとしても、user1はfooテーブルを参照できます。また、スーパーユーザーとテーブルを作成したロールも、REVOKE文の影響を受けずにfooテーブルを参照できます。したがって、**A**と**C**が正解です。

38. B

➡ P229

アクセス権限に関する問題です。
PostgreSQLでは、オブジェクトの所有者は自身が持つ権限を取り消すことができます（A）。
テーブルのアクセス権限はカラムごとに設定できますが、行ごとにはできません（**B**）。
オブジェクトの所有者以外のロールであっても、**WITH ADMIN**オプション付きの**GRANT**文で権限が与えられているロールは、そのオブジェクトに対する権限を他のロールに与えることができます（C）。
テーブルのアクセス権限は、**¥dp**または**¥z**コマンドで確認できます（D）。
GRANT文では、権限にALL PRIVILEGESを指定すると、指定したオブジェクトに対するすべての権限を与えることができます（E）。
適切でないものを選ぶ問題なので、**B**が正解です。

39. A

➡ P229

ログに関する問題です。
ログの出力先となるディレクトリは、**log_directory**パラメータで指定します。ディレクトリは、絶対パスまたはデータベースクラスタディレクトリからの相対パスで指定します。

問題文では、相対パスでディレクトリを指定しているため、データベースクラスタディレクトリ直下のlogディレクトリにログが生成されます。したがって、**A**が正解です。

40. D

➡ P229

VACUUMの主な役割は以下のとおりです。

【VACUUMの役割】

役割	説明
データベースの不要領域の回収（A）	VACUUMの主な役割。UPDATEやDELETE文を発行することで発生する不要領域を再利用可能な状態とする
XID周回エラーの回避（B）	PostgreSQLはトランザクションの管理にXIDという32bitのIDを使用する。XIDは周回して使われるが、VACUUMはXIDが周回しても問題が起きないように過去のトランザクションを凍結する
統計情報を収集（C）	ANALYZEと同等の処理をVACUUM時にも実行する

指定したインデックス順にデータを並べ替えるのは、CLUSTERコマンドの役割です。適切でないものを選ぶ問題なので、**D**が正解です。

41. A

➡ P230

システムカタログに関する問題です。

システムカタログとは、PostgreSQLの内部情報が格納されるテーブルおよびビューです（D）。通常のテーブル同様、SELECTやその他DMLで操作することも可能ですが、システムを破損させる可能性があるので推奨されません（B）。また、システムカタログはメジャーバージョンが上がると仕様が変わることがあります（**A**）。PostgreSQL 11では、システムカタログは62個存在します。ビューと合わせても121個です（C）。

以上より、**A**が正解です。

42. A

➡ P230

GUCに関する問題です。

SETコマンドではpostgresql.confで設定できるパラメータ（**GUC**）の中には再起動が必要なものがあります。こうしたパラメータはSETコマンドでは変更できません。

再起動が必要なGUCのうち、主なものは次のとおりです。

【再起動が必要なGUC】

分類	GUC
ファイル位置に関わるもの	config_file hba_file shared_preload_librariesなど
接続に関わるもの	listen_addresses max_connectionsなど
システムリソースに関わるもの	maintenance_work_mem shared_buffers wal_buffersなど
サーバ側のログ出力先に関わるもの	logging_collector log_line_prefix silent_modeなど

上記のとおり、選択肢B、C、Dは再起動が必要なため、SETコマンドで変更できません。したがって、**A**が正解です。

43. A

➡ P230

postgresql.confで設定できるパラメータ（GUC）とSETに関する問題です。
RESETはトランザクションブロック内でも有効です。また、トランザクションブロック内で実行しても、SET client_encodingはCOMMITされればセッション内で有効です。逆に、ROLLBACKされた場合、②の結果はEUC_JPになります。
したがって、**A**が正解です。

44. B

➡ P231

ANALYZEコマンドに関する問題です。
PostgreSQLには、コレクタにより収集されるサーバの活動状況に関する統計情報とSQLの実行計画を決定するための統計情報の2種類があります。この2つはまったく異なるものです。**ANALYZE**で取得される情報は、後者のSQLの実行計画を決定するための統計情報です（A、**B**）。OSコマンド上から実行する場合は「vacuumdb -z」を実行します（C）。また、インデックスとテーブル間の整合性をチェックする機能はありません（D）。
以上より、**B**が正解です。

45. A

➡ P231

pg_dumpに関する問題です。
pg_dumpコマンドは、自身のバージョンよりも古いメジャーバージョンのPostgreSQLのデータをバックアップすることができますが、新しいメジャーバージョンのPostgreSQLのデータはバックアップできません。

pg_dumpコマンドは、バックアップ前にバージョンチェックを行います。新しいメジャーバージョンのPostgreSQLに対してpg_dumpコマンドを実行すると、バージョンが異なる旨のエラーメッセージが出力されます。したがって、**A**が正解です。

例 PostgreSQL 10.11のpg_dumpでPostgreSQL 11.6のデータベースへ接続した場合に発生するエラー

```
pg_dump: server version: 11.6; pg_dump version: 10.11
pg_dump: aborting because of server version mismatch
```

46. C

➡ P231

pg_restoreコマンドに関する問題です。
pg_restoreコマンドの**-j**（**--jobs**）オプションは、データのロード、インデックスの作成、制約の作成を複数のジョブを使用して同時実行するためのオプションです。CPUコア数の多いマシンでは、このオプションを指定することによって高速化が期待できます。ただし、-jオプションが使用できるのは、**バイナリ形式**のバックアップファイルのみです。バイナリ形式には、カスタム形式、tar形式、ディレクトリ形式の3種類が存在します。
pg_dumpコマンドでカスタム形式のバックアップファイルを出力するには、-Fオプションでcまたはcustomを指定します。したがって、**C**が正解です。

47. B、C ➡ P232

リストアに関する問題です。
psqlでリストアできるバックアップファイルは**スクリプト形式**のみです。pg_dumpコマンドの-Fオプションでc（custom）、t（tar）、d（directory）のいずれかを指定すると、**バイナリ形式**のバックアップファイルが生成されます。適切でないものを選ぶ問題なので、**B**と**C**が正解です。
その他の選択肢のコマンドは、スクリプト形式のバックアップファイルが生成されます。

48. B ➡ P232

WALに関する問題です。
WALファイルのサイズは、ビルド時に実行するconfigureスクリプトの**--with-wal-segsize**オプションで設定できます。デフォルトは16MBです。したがって、**B**が正解です。

49. D ➡ P232

PITRに関する問題です。
archive_commandには、WALファイルをアーカイブするためのシェルコマンドを指定します。
シェルコマンドには%pと%fというパターンが使用でき、%pがデータベースクラスタディレクトリからのWALファイルの相対パス、%fがそのファイル名を表します。問題文のarchive_commandでは、それらのパターンを使用してWALファイルを/mnt/server/archivedir/にコピーしています。

restore_commandは、archive_commandのちょうど反対になります。つまり、/mnt/server/archivedir/にあるアーカイブログファイルを、WALファイルの場所（デフォルトは$PGDATA/pg_xlog）にコピーします。したがって、**D**が正解です。

50. D

➡ P233

サブクエリーのEXISTS句の使い方に関する問題です。
EXISTS句は、相関副問い合わせで使われることがあります。
一見すると、サブクエリーの「SELECT * FROM t2 WHERE id=3」とidが一致するt1が出力されるように見えますが、WHERE句にt1とt2の結合が存在しません。このためWHERE句は常に真を返すだけとなり、その結果「SELECT * FROM t1」の結果をそのまま出力するだけとなります。

例 設問のサブクエリーの実行

```
SELECT * FROM t1
WHERE EXISTS (SELECT * FROM t2 WHERE id=3);
 id | name
----+-------
  1 | DATA1
  2 | DATA2
  3 | DATA3
  4 | DATA4
  5 | DATA5
(5 rows)
```

したがって、**D**が正解です。

索引

記号・数字

A

B

C

D

E

F

G

H

I

R

S

T

U

ナ行・ハ行

マ行

ヤ行

ラ行